高职高专计算机类专业系列教材

Web 前端技术

(HTML5+CSS3+jQuery)

（微课版）

主　编　罗大伟　刘金明

副主编　白玉羚　齐　宁　闫　淼

西安电子科技大学出版社

内容简介

本书紧贴互联网行业发展对 Web 前端开发工程师岗位的新要求，以基础知识、实例、综合案例相结合的方式系统地讲解了如何使用 HTML5、CSS3、jQuery 进行 Web 前端页面开发。

本书依据 1 + X 证书《Web 前端开发职业技能等级标准》(初级)进行内容设计，注重理实结合，以职业能力为核心构建出 10 个章节，包括初识 HTML5、HTML5 常用元素和属性、HTML5 表单元素和属性、CSS3 新增选择器、CSS3 新增属性、jQuery 概述、jQuery 选择器、jQuery 中的 DOM 操作、jQuery 事件处理和 jQuery 动画。

本书配有微课视频、电子课件(PPT)、案例源代码、试题库等数字化教学资源，学习者可以通过扫描书中二维码观看教学视频。

本书可作为高职高专、本科层次职业教育试点学校、应用型本科高校计算机类相关专业的专业课及选修课教材，亦可作为 1 + X "Web 前端开发" 职业技能等级证书的考前培训或自修教材，还可作为行业企业从事 Web 前端开发、Web 全栈开发相关技术人员的参考书。

图书在版编目(CIP)数据

Web 前端技术：HTML5+CSS3+jQuery：微课版 / 罗大伟，刘金明主编. —西安：西安电子科技大学出版社，2022.8(2023.1 重印)

ISBN 978-7-5606-6492-7

Ⅰ. ①W⋯　Ⅱ. ①罗⋯　②刘⋯　Ⅲ. ①超文本标记语言—程序设计　②网页制作工具　③JAVA 语言—程序设计　Ⅳ. ①TP312.8　②TP393.092.2

中国版本图书馆 CIP 数据核字(2022)第 086486 号

策　　划　明政珠
责任编辑　明政珠　孟秋黎
出版发行　西安电子科技大学出版社(西安市太白南路 2 号)
电　　话　(029) 88202421　88201467　　　邮　　编　710071
网　　址　www.xduph.com　　　　　　　电子邮箱　xdupfxb001@163.com
经　　销　新华书店
印刷单位　咸阳华盛印务有限责任公司
版　　次　2022 年 8 月第 1 版　2023 年 1 月第 2 次印刷
开　　本　787 毫米×1092 毫米　1/16　印张 16
字　　数　377 千字
印　　数　1001～4000 册
定　　价　39.00 元

ISBN　978-7-5606-6492-7 / TP

XDUP 6794001-2

***如有印装问题可调换

随着互联网技术的蓬勃发展，Web 前端技术在过去一个阶段及未来数十年都将是软件技术领域人才需求最大的技术方向。Web 前端的应用领域非常广阔，已经与物联网、云计算、大数据、人工智能等先进技术紧密结合，形成大量全新应用模式及崭新业态。当前，Web 系统的复杂性不断增加，Web 前端页面内容发展越来越丰富，越来越美观。HTML5 与 CSS3 的出现，使 Web 页面的外观更炫彩，而实现技术则更简单。

HTML5 与 CSS3 是下一代 Web 应用技术的基础，使互联网应用进入全新时代。jQuery 作为快速、简洁的 JavaScript 库，使用户能够更方便地处理 HTML Documents、Events 以及实现动画效果，并能为网站提供便捷的 AJAX 交互。

2019 年，国务院出台《国家职业教育改革实施方案》，其中明确提出：在职业院校、应用型本科高校启动"学历证书+若干职业技能等级证书"制度(即 1＋X 证书制度)试点。"Web 前端开发"职业技能等级证书是教育部启动试点的 1＋X 证书制度首批六个职业技能等级证书之一，其职业技能等级分为初、中、高三级。

本书以 1＋X 证书制度《Web 前端开发职业技能等级标准》为导向，充分考虑到 Web 前端开发从业人员的技术成长路径和职业发展路径，以职业素养、职业技能、知识水平为主要框架结构进行内容设计。书中采用"知识讲解＋案例实践"的方式，在知识可视化展示的同时，配备实操性强的案例，从原理出发，由案例落地，让读者在理解书中知识的同时，也得到一定的实践训练。本书的目标是帮助读者快速了解和掌握 HTML5 的新特性、CSS3 的奇幻效果、jQuery 的应用技能。初学者通过本书的学习和综合案例的系统训练，必将能够胜任 Web 前端开发相关岗位的工作。

全书共 10 个章节，第 1～3 章介绍 HTML5 的新特性，第 4～5 章介绍 CSS3 的新功能，第 6～10 章介绍 jQuery 应用开发技术，具体内容如下。

第 1 章：初识 HTML5，主要介绍 HTML5 发展历程、HTML5 特性与优势、浏览器对 HTML5 的支持、HTML5 开发工具和 HBuilderX 的使用。

第 2 章：HTML5 常用元素和属性，主要介绍 HTML5 保留的元素、HTML5 新增文档结构元素的应用、HTML5 新增文本格式化元素的应用、HTML5 页面增强元素的应用、HTML5 多媒体元素的应用、HTML5 保留的通用属性、HTML5 新增通用属性的应用。

第 3 章：HTML5 表单元素和属性，主要介绍 HTML5 保留的表单元素、HTML5 表单 input 元素新增功能类型的应用、HTML5 表单 output 元素的应用、HTML5 表单元素新增属性的应用。

第 4 章：CSS3 新增选择器，主要介绍 CSS3 概述、CSS3 兄弟选择器的应用、CSS3 属性选择器的应用、CSS3 伪类选择器的应用、CSS3 伪元素选择器的应用。

第 5 章：CSS3 新增属性，主要介绍 CSS3 背景属性的应用、CSS3 字体文本属性的应用、CSS3 盒模型属性的应用、CSS3 多列属性的应用、CSS3 变形动画属性的应用。

第 6 章：jQuery 概述，主要介绍初识 jQuery、下载和引用 jQuery 库、使用文档就绪函数。

第 7 章：jQuery 选择器，主要介绍应用基本选择器获取操作对象、应用层级选择器获取操作对象、应用过滤选择器获取操作对象。

第 8 章：jQuery 中的 DOM 操作，主要介绍应用 jQuery 操作元素样式、应用 jQuery 操作标签内容、应用 jQuery 操作标签属性、应用 jQuery 操作元素 DOM 节点。

第 9 章：jQuery 事件处理，主要介绍应用 jQuery 常用事件实现网页特效的方法，包括鼠标事件、键盘事件、焦点事件，内容改变事件、选择事件、表单提交事件。

第 10 章：jQuery 动画，主要介绍应用 jQuery 事件实现动画效果的方法，包括实现元素的隐藏和显示、实现元素的淡入和淡出效果、动画效果滑动、应用 jQuery 创建自定义动画和停止动画。

本书主要有以下特色：

❖ 内容新颖全面。本书紧密贴合 1 + X "Web 前端开发"职业技能等级标准，面向 Web 前端开发、Web 全栈开发真实岗位需求，精心策划组织内容，实现教学内容与行业企业的融合和对接。

❖ 实例真实丰富。本书知识点循序渐进，通过实例边学边练。在每章最后配有综合应用案例，将本章及相邻章节的知识技能融会贯通，帮助读者提升综合应用能力。

❖ 代码规范统一。本书提供风格统一、格式规范的源代码，培养读者良好的编程习惯。

❖ 视频讲解，精彩详尽。书中每一节都配有精彩详尽的视频讲解，能够引导初学者快速入门。

本书由罗大伟、刘金明担任主编，白玉羚、齐宁、闫淼担任副主编。其中：罗大伟编写第 4、6、7 章，刘金明编写第 5、10 章，白玉羚编写第 2、8 章，齐宁编写第 3、9 章，闫淼编写第 1 章。

本书是吉林省特色高水平高职专业群建设项目——吉林电子信息职业技术学院软件技术专业群的建设与改革成果，同时，本书编写团队还承担着吉林省"Web 前端开发"培训名优团队重点建设项目。

为方便教师教学，本书配有电子教学课件等相关资源，请有此需要的教师到西安电子科技大学出版社官方网站(https://www.xduph.com/)进行下载。本书在编写过程中得到了各方面的支持，在此一并表示感谢！

本书是一本特色鲜明的理实一体化教材，虽然我们精心组织、认真编写，但由于编者水平有限，书中难免存在疏漏与不足，恳请广大读者朋友给予批评和指正。

编　者

2022 年 3 月

目录 >>>>>

1

 学习目标

✦ 了解 HTML5 的发展历程；

✦ 了解 HTML5 的特性与优势；

✦ 掌握 HTML5 的开发基础。

1.1　HTML5 概述

随着传统互联网技术向移动互联网领域拓展延伸，为了在移动设备上呈现诸多富有表现力的 Web 页面元素，HTML5(Hyper Text Markup Language 5)应运而生，其标识如图 1-1 所示。相对于 HTML4.01 标准，HTML5 摒弃了其中部分元素，同时增加了一系列能够带来新特性的新元素，从而形成了适应新一代网络技术发展的全新的页面描述语言体系。

HTML5 是构建 Web 内容的一种语言描述方式，作为互联网的下一代标准，它是构建和呈现互联网内容的重要方式，是互联网的核心技术之一。

图 1-1　HTML5 的标识

HTML5 概述

1.1.1　HTML5 发展历程

HTML 的出现由来已久，从 1993 年首次以草案的形式发布，再到 2008 年的 HTML5 正式版，中间经历了多次版本升级。HTML5 是一套新的 HTML 标准，是对 HTML 及 XHTML (eXtensible Hyper Text Markup Language，可扩展超文本标记语言)的继承与发展。HTML5 是一个向下兼容的版本，本质上并不是什么全新技术，只是在功能特性上进行了扩充与丰富。下面列出了 HTML5 的发展历程。

(1) HTML1.0：1993 年由互联网工程工作小组(IETF)发布工作草案。该草案并非标准，众多不同版本的 HTML 陆续在全球使用，但始终未能形成一个广泛的、标准一致的版本。

(2) HTML2.0：HTML2.0 相比初版而言，其元素得到了极大的丰富。

(3) HTML3.2：HTML3.2 是 1996 年提出的规范，注重兼容性的提高，并对之前的版本进行了改进。

(4) HTML4.0：1997 年 12 月推出的 HTML4.0 将 HTML 推向了一个新高度。该版本倡导将文档结构和样式分离，并实现了表格更灵活的控制。

(5) HTML4.01：1999 年提出的 4.01 版本是在 HTML4.0 基础上的微小改进版。20 世纪 90 年代是 HTML 发展速度最快的时期，但是自 1999 年发布了 HTML4.01 之后，业界普遍认为 HTML 已经步入瓶颈期，W3C 组织对 Web 标准的焦点开始转向 XHTML。

(6) XHTML1.0：2000 年由 W3C 组织提出，XHTML 是一个过渡技术，结合了部分 XML 的强大功能及大多数 HTML 的简单特性。

(7) XHTML1.1：是模块化的 XHTML，是货真价实的 XML。

(8) XHTML2.0：2004 年，一些浏览器厂商联合成立了 WHATWG 工作组，致力于 Web 表单和应用程序的研发。此时的 W3C 组织专注于 XHTML2.0。XHTML2.0 是完全模块化可定制的 XHTML。随着 HTML5 的兴起，XHTML2.0 工作小组被要求停止工作。

(9) HTML5：2006 年，W3C 组织组建了新的 HTML 工作组且采纳了 WHATWG 的意见，并于 2008 年发布了 HTML5。

由于 HTML5 能解决实际的问题，所以在规范还未定稿的情况下，各大浏览器厂家已经开始对旗下产品进行升级以支持 HTML5 的新功能。因此，HTML5 在浏览器的实验性反馈下也得到了持续的完善，并以这种方式迅速融入对 Web 平台的实质性改进中。2014 年 10 月，W3C 组织宣布历经 8 年努力，HTML5 标准规范终于定稿。

1.1.2 HTML5 特性与优势

1. HTML5 的特性

1) 语义特性

HTML5 赋予网页更好的语义和结构、更加丰富的标签，随着对微数据、微格式等方面的支持，HTML 构建了对程序、对用户更有价值的数据驱动 Web。

2) 本地存储特性

基于 HTML5 开发的网页应用拥有更短的启动时间、更快的联网速度，这些得益于 HTML5 APP Cache、本地存储功能、Indexed DB(它是 HTML5 本地存储最重要的技术之一)。

3) 设备兼容特性

HTML5 为网页应用开发者提供了更多功能上的优化选择，带来了更多体验功能。HTML5 提供了前所未有的数据与应用接入开放接口，使外部应用可直接与浏览器内部的数据相连。

4) 连接特性

HTML5 拥有高效的连接效率，使得基于页面的实时聊天、更快速的网页游戏体验、更优化的在线交流得以实现。HTML5 拥有更有效的服务器推送技术，可以帮助开发者实现服务器将数据推送到客户端的功能。

5) 网页多媒体特性

支持网页端的 audio、video 等多媒体功能，为移动互联网影音娱乐与在线直播的发展提供了强有力的技术支撑。

6) 三维图形及特效

基于 SVG、Canvas、WebGL、CSS3 的 3D 功能，可以在浏览器中呈现出炫彩惊人的视觉效果。

7) 性能集成特性

HTML5 通过 XML Http Request 2 等技术，解决了以往的跨域问题，助力 Web 应用和网站在多样化的环境中更快速地工作。

2. HTML5 的优势

1) 解决了跨浏览器问题

在 HTML5 之前，各大浏览器厂商为了争夺市场占有率，会在各自的浏览器中增加各种各样的功能，但不具有统一的标准。使用不同的浏览器打开同一页面，可能会看到不同的页面效果。在 HTML5 中，纳入了所有合理的扩展功能，具备良好的跨平台性能。针对不支持新标签的老式 IE 浏览器，只需简单地添加 JavaScript 代码就可以使用新的元素。

2) 新特性支持新体验

HTML 语言从 1.0 到 5.0 经历了巨大的变化，从单一的文本显示功能到图文并茂的多媒体显示功能，许多特性经过多年的完善，已经发展成为一种非常重要的标记语言。HTML5 新增的特性包括以下几方面：

(1) 新的特殊内容元素，例如 header、nav、section、article、footer。

(2) 新的表单控件，例如 calendar、date、time、email、url、search。

(3) 用于绘画的 canvas 元素。

(4) 用于多媒体展示的 video 和 audio 元素。

(5) 对本地离线存储的更好支持。

(6) 地理位置、拖曳、摄像头等应用程序编程接口(Application Programming Interface，API)。

3) 用户优先的原则

HTML5 标准的制定是以用户优先为原则的，一旦遇到无法解决的冲突时，规范会把用户放在第一位。此外，为增强 HTML5 的使用体验，还加强了以下两个方面的设计。

(1) 安全机制的设计。为确保 HTML5 的安全，在设计 HTML5 时做了很多针对安全的设计。HTML5 引入了一种新的基于来源的安全模型，该模型不仅易用，而且对不同的 API 都通用。使用这个安全模型，不需要借助任何 hack 就能跨域进行安全对话。

(2) 表现和内容分离。表现和内容分离是 HTML5 设计中的另一个重要内容。实际上，表现和内容的分离早在 HTML4.0 中就有设计，但是分离得并不彻底。为了避免可访问性差、代码高复杂度、文件过大等问题，HTML5 规范中更细致、清晰地分离了表现和内容。但是考虑到 HTML5 的兼容性问题，一些陈旧的表现和内容的代码还是可以兼容使用的。

4) 化繁为简的优势

作为当下主流通用标记语言，HTML5 尽可能做到语法简化，严格遵循简单至上的原则，主要体现在以下几个方面：

(1) 新的简化的字符集声明。

(2) 新的简化的 DOCTYPE。

(3) 简单而强大的 HTML5 API。

(4) 以浏览器原生能力替代复杂的 JavaScript 代码。为了实现这些简化操作，HTML5 规范需要比以前更加细致、精确。为了避免造成误解，HTML5 对每一个细节都有着非常明确的规范说明，不允许有任何歧义出现。

1.2　HTML5 开发基础

应用 HTML5 技术完成 Web 前端页面开发，既需要代码编写环境，也需要页面效果验证环境。Windows 操作系统内置的记事本软件是最简单的代码编写环境，Web 浏览器是页面效果验证环境。

1.2.1　浏览器对 HTML5 的支持

Web 浏览器是用于呈现 Web 前端页面的软件载体，当前浏览器所支持的许多新功能都是从 HTML5 标准中发展而来的。目前常用的浏览器有 IE、Edge、Firefox、Chrome、Safari 和 Opera(它们的标识如图 1-2 所示)，通过对这些主流 Web 浏览器的发展策略调查研究，可以发现它们都在支持 HTML5 上采取了相应的措施，以保证与新一代 Web 标准的同步。因此，现代的浏览器几乎都支持 HTML5。

图 1-2　常用的浏览器标识

1. IE 浏览器

2010 年 3 月，微软 MIX10 技术大会上宣布其推出的 IE9 浏览器已经支持 HTML5。同时还声称，随后将会更多地支持 HTML5 新标准和 CSS3 新特性。

2. Firefox(火狐)浏览器

2010 年 7 月，Mozilla 基金会发布了即将推出的 Firefox4 浏览器的第一个早期测试版，该版本的 Firefox 浏览器有大幅的改进，包括新的 HTML5 语法分析器、支持更多的 HTML5 语法分析器，以及支持更多的 HTML5 形式的控制等。从官方文档来看，Firefox4 对 HTML5 是完全级别的支持。目前，包括在线视频、在线音频在内的多种应用都已经在 Firefox 中实现。

3. Chrome 浏览器

2010 年 2 月，谷歌 Gears 项目经理通过微博宣布，谷歌将放弃对 Gears 浏览器插件项目的支持，以重点开发 HTML5 项目。目前在谷歌看来，Gears 应用与 HTML5 的诸多创新非常相似，并且谷歌一直积极发展 HTML5 项目。

4. Safari 浏览器

2010 年 6 月，苹果在开发者发布会公布 Safari5，这款浏览器支持 10 个以上的 HTML5 新技术，包括全屏幕播放、HTML5 视频、HTML5 地理位置、HTML5 切片元素、HTML5 的可拖动属性、HTML5 的形式验证、HTML5 的 Ruby、HTML5 的 Ajaxl.ishi 和 WebSocket 字幕。

5. Opera 浏览器

2010 年 5 月，Opera 软件公司首席技术官，号称"CSS 之父"的 Hakon Wium Lie 认为，HTML5 和 CSS3 将会是全球互联网发展的未来趋势，包括目前 Opera 在内的诸多浏览器厂商，纷纷研发 HTML5 的相关产品，Web 未来属于 HTML5。

6. Edge 浏览器

2015 年 4 月，微软在旧金山举行的 Build 2015 开发者大会上宣布：Windows 10 内置代号为"Project Spartan"的新浏览器被正式命名为"Microsoft Edge"，其内置于 Windows 10 版本中。2020 年，微软推出的基于 Chromium 的 Edge 浏览器在 HTML5 无障碍测试中取得了满分的成绩，超过其他浏览器。

可见，早在 2010 年这些浏览器厂商就已经着手朝着 HTML5 的方向迈进，主动拥抱 HTML5 带来的 Web 标准变革。

1.2.2　HTML5 开发工具

"工欲善其事，必先利其器"。单纯从编写代码角度看，完全可以通过记事本软件来进行 HTML5 代码的编写，但效率很低。因此，寻找合适的开发工具来提升工作效率是至关重要的。下面列举几个常见的 Web 前端开发工具。

1. EditPlus

EditPlus 是一款小巧但功能强大的可处理文本、HTML 和程序语言的 Windows 编辑器。EditPlus 是可以取代记事本的文字编辑器，拥有无限制的撤销与重做、英文拼字检查、自动换行、列数标记、搜寻取代、同时编辑多文件、全屏幕浏览功能。EditPlus 是一个非常好用的 HTML 编辑器，它除了支持颜色标记、HTML 标记外，还内建完整的 HTML & CSS 指令功能，对于习惯用记事本编辑网页的开发者，能起到事半功倍的效果。

2. Sublime Text

Sublime Text 是一款轻量级的编辑器，它优雅小巧、启动速度快，支持多种编程语言。它是一款跨平台的编辑器，同时支持 Windows、Linux、MacOS X 等操作系统。Sublime Text 还具有良好的扩展能力和完全开放的用户自定义配置，以及实用的编辑状态恢复功能，它的快捷键十分易用，可极大地减少代码开发的劳动强度。

3. Atom

Atom 是 Github 专门为程序员推出的一个跨平台文本编辑器。它具有简洁和直观的图形用户界面，支持 HTML、CSS、JavaScript 等网页编程语言。Atom 支持宏，可以自动完成分屏功能，同时集成了文件管理器。

4. Dreamweaver

Dreamweaver 是世界顶级软件厂商 Adobe 推出的一套拥有可视化编辑界面，用于制作并编辑网站和移动应用程序的网页设计软件。由于它支持代码、拆分、设计、实时视图等多种方式来创作、编写和修改网页，对于初级人员，可以无需编写任何代码就能快速创建 Web 页面。同时，其成熟的代码编辑工具更适用于 Web 开发高级人员的创作。

5. WebStorm

WebStorm 与 IntelliJ IDEA 同源，是 JetBrains 公司旗下的一款开发工具，它被众多开发者誉为"最强大的 HTML5 编辑器"。

6. Visual Studio Code

Visual Studio Code(VSCode)是一款针对于编写现代 Web 和云应用的跨平台源代码编辑器，可运行于 Windows、MacOS 和 Linux 操作系统。VSCode 为开发者们提供了对多种编程语言的内置支持，同时也为这些语言提供了丰富的代码补全和导航功能。

7. HBuilder 和 HBuilderX

HBuilder 是一款优秀的国产 Web 前端开发工具。HBuilderX 是 HBuilder 的升级版，它们都是由 DCloud(数字天堂)公司推出的、专门为 Web 前端开发者服务的通用集成开发环境(Integrated Development Environment，IDE)。

1.2.3　HBuilderX 的使用

HBuilderX 是一款优秀的国产 Web 前端集成开发环境，其主体由 Java 编写。它基于 Eclipse，所以顺其自然地兼容了 Eclipse 的插件。开发便捷是 HBuilderX 的最大优势，它通过完整的语法提示，大幅提升了 HTML、CSS、JavaScript 的开发效率。

1. 下载 HBuilderX

可以在 HBuilderX 官网下载最新版的 HBuilderX。HBuilderX 目前支持 Windows 系统和 MacOS 系统(如图 1-3 所示)，下载时应根据计算机系统的实际情况选择适合的版本。HBuilderX 在对两种操作系统支持的基础上，又分为标准版和 App 开发版。完成 Web 前端页面开发，下载标准版即可；如果做 App 开发，则建议下载 App 开发版，否则需要在插件管理中安装 uni-app 插件。

图 1-3　HBuilderX 下载页面

2. 运行 HBuilderX

解压下载到的 HBuilderX 压缩包(如图 1-4 所示)，双击 HBuilderX.exe 运行该软件。

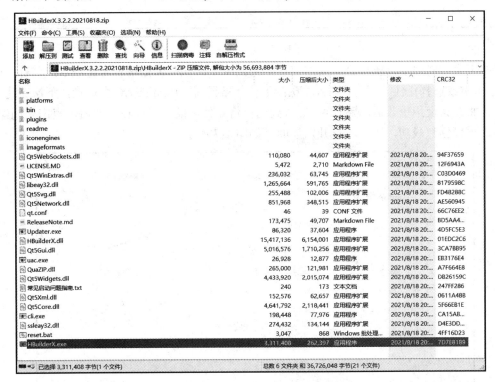

图 1-4　HBuilderX 压缩包

3. 使用 HBuilderX 新建项目

进入 HBuilderX 主界面，依次点击"文件"→"新建"→"项目"(或按下 Ctrl＋N 组合键)，打开新建项目对话框(如图 1-5 所示)。

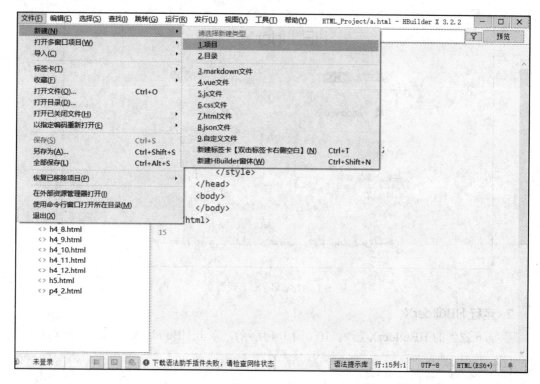

图 1-5　新建项目

　　接下来，需要填写新项目的基本信息。应在图 1-6 中的 A 处填写新建项目的名称；在 B 处填写(或选择)项目保存的路径(注意：更改此路径后，HBuilderX 会记录，下次新建项目时，将默认使用更改后的路径)；在 C 处选择将要使用的项目模板。然后，点击"创建"按钮，项目创建成功，进入项目开发界面，如图 1-7 所示。

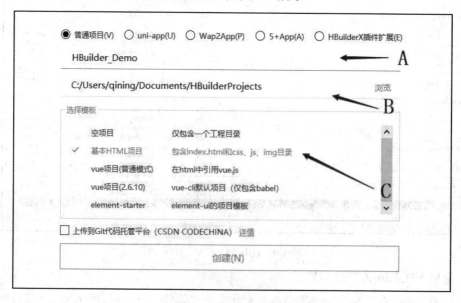

图 1-6　新建项目选项

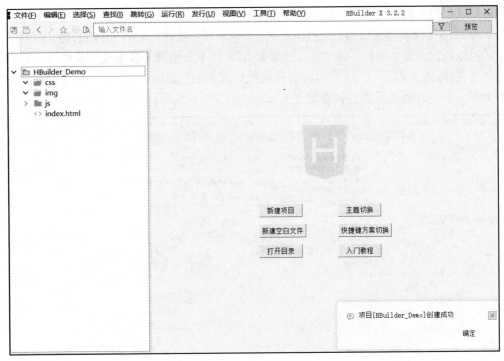

图 1-7　项目开发界面

4. 创建 Web 页面

可以点击创建完成的项目中的 index.html，在代码编辑区进行代码的编写；也可以依次点击"文件"→"新建"→"html 文件"来创建新的 Web 页面(如图 1-8 所示)。

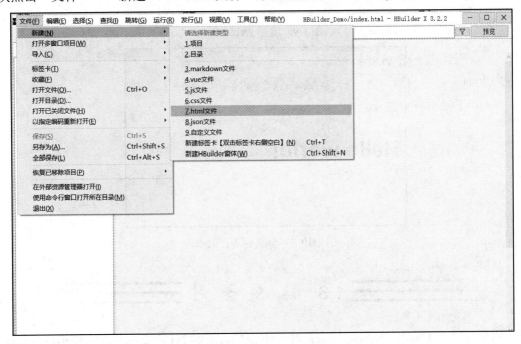

图 1-8　创建 Web 页面

5. 运行 Web 页面

Web 页面代码编写完成后，应点击"保存"菜单项 (或使用 Ctrl + S 组合键)保存代码。此后，可以依次点击"运行"→"运行到浏览器"，接下来选择一款本地计算机内已经安装好的浏览器(如图 1-9 所示)，该页面将会被加载到这款浏览器运行，开发者便可看到页面的运行效果。假设运行该页面的浏览器是 Chrome 浏览器，其运行效果如图 1-10 所示。

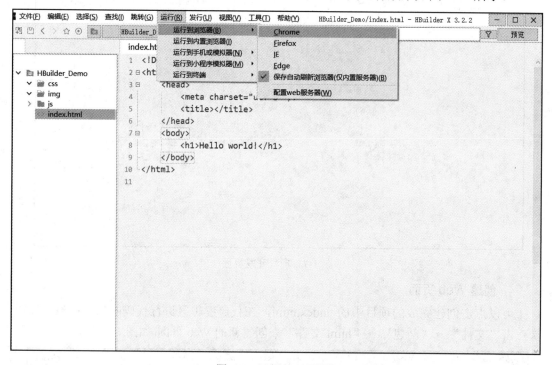

图 1-9　运行 Web 页面

图 1-10　Web 页面运行效果

1.3　综合案例

这里通过一个简单的实例，使读者对 Web 页面开发和 HTML5 文档基本结构有个初步的认识。Web 页面应用案例代码如例 1-1 所示，运行效果如图 1-11 所示。

【例 1-1】　Web 页面应用案例(代码见文件 chapter01_01.html。)

本例的代码如下：

```
<!DOCTYPE html>
<html>
    <head>
        <meta charset="utf-8" />
        <title>HTML5 第一个实例</title>
    </head>
    <body>
        <h1>HTML5 第一个实例</h1>
        <h2>HTML5 第一个实例</h2>
        <h3>HTML5 第一个实例</h3>
    </body>
</html>
```

图 1-11　综合案例运行效果

本 章 小 结

本章介绍了 HTML5 的发展历程，HTML5 的特性与优势，以及 HTML5 开发基础；重点介绍了 Web 前端页面开发工具 HBuilderX 的使用；最后用一个简单的实例使读者对 Web 页面开发和 HTML5 文档基本结构有所了解，为后续的学习打下基础。

习 题 与 实 践

一、选择题

1. HTML5 是(　　)的最新技术标准。

A. 超文本标记语言　　　　　　　　　B. 样式表

C. 高级程序设计语言   D. 网络通信协议

2. 下列(　　)项不属于常用的浏览器。

A. MySQL   B. Edge   C. Firefox   D. Chrome

3. 下列(　　)项不属于 HTML5 的优势。

A. 解决了跨浏览器问题   B. 新特性支持新体验

C. 用户优先的原则   D. 代码复杂度提升

4. 具备了(　　)就可以进行简单的 Web 前端页面开发，并能够验证 Web 页面的运行效果。

A. Web 服务器和数据库   B. 记事本软件和浏览器

C. 互联网和浏览器   D. 记事本软件和数据库

5. 下列(　　)项不属于 HbuilderX 的功能。

A. 创建项目   B. 编写 Web 页面代码

C. 连接数据库   D. 调用浏览器运行 Web 页面

二、简答题

1. 请列举 HTML5 技术的优势。

2. 请列举常见的网页浏览器。

3. 请列举常见的 Web 前端页面开发工具。

三、实践演练

参照图 1-12 所示的效果，编写"《题西林壁》古诗"页面。

图 1-12　古诗页面

HTML5 常用元素和属性

 学习目标

✦ 了解 HTML5 保留元素、保留的通用属性和新特性；

✦ 掌握 HTML5 新增的文档结构元素、文本格式化元素；

✦ 掌握 HTML5 新增的页面增强元素、多媒体元素；

✦ 掌握 HTML5 新增的通用属性；

✦ 能够正确使用 HTML5 新增的元素和属性。

2.1　HTML5 保留的元素

HTML5 是最新版本的超文本标记语言，它在 HTML4.01 基础上进行了继承与发展。HTML5 保留了 HTML 早期版本的大部分元素，这些元素成为 HTML5 的重要组成部分。把它们按照功能划分，可分为页面基本元素、文本格式化元素、超链接和锚点元素、列表元素、表格元素等，这些都是 HTML5 的常用元素。

2.1.1　页面基本元素

HTML5 保留了 HTML4.01 的页面基本元素，它们是构成 Web 页面最基础、最常用的元素，下面分别进行介绍。

(1) <!-- -->：用于定义 HTML 文档中的注释，作为注释的内容不会被浏览器解析，不会在浏览器中显示。恰到好处的注释，可以增加 Web 代码的可读性，有助于后续对代码的编辑修改。

(2) html 元素：html 元素是 HTML 文档的根元素。

(3) head 元素：用于定义 HTML 文档的页面头部分，其内部可以包含脚本、样式表、元信息等内容。可以书写在 head 元素中的其他元素主要有 base、link、meta、script、style、title 等。

(4) base 元素：用于定义 HTML 文档中所有链接规定的默认地址或者默认目标。

(5) meta 元素：用于定义 HTML 文档的元信息。

(6) title 元素：用于定义 HTML 文档的页面标题。

(7) style 元素：用于定义 HTML 文档引入的样式，该元素的 type 属性是必需的，其属性值为"text/css"。

(8) body 元素：用于定义 HTML 文档的页面主体部分，包含页面所要显示的所有内容，例如：文本、超链接、列表、表格、表单、图像等。

(9) h1、h2、h3、h4、h5、h6 元素：用于定义标题，共 6 个级别。h1 元素显示的标题文字最大，h6 元素显示的标题文字最小。

(10) p 元素：用于定义段落。浏览器会在 p 元素定义的段落前后自动创建一定的空白。

(11) div 元素：定义文档中的分区或节。该元素是块级元素，浏览器会在 div 元素定义的块的前后自动放置换行符。

(12) span 元素：功能与 div 元素基本相似，区别是 span 元素定义的节默认不会换行。

(13) br 元素：用于插入一个换行符。

(14) hr 元素：用于在页面插入一条水平线。

2.1.2　文本格式化元素

在设计制作 Web 页面时，有时需要使页面中的文字呈现出特定的效果。如果需要呈现的效果相对简单，那么 HTML5 的文本格式化元素就可以实现。如果希望呈现更为多样化和吸引用户的页面样式，那么就需要依靠 CSS 样式来完成。下面介绍文本格式化元素。

(1) b 元素：b 是 bold 的缩写，用于定义粗体文本。

(2) strong 元素：用于定义粗体文本，与 b 元素的作用和语法基本一样。

(3) i 元素：用于定义斜体文本。

(4) em 元素：em 是 emphasized 的缩写，用于定义强调文本，显示效果与 i 元素定义的斜体文本相似。

(5) sup 元素：用于定义作为上标显示的文本。

(6) sub 元素：用于定义作为下标显示的文本。

(7) bdo 元素：用于定义文本的显示方向。通过设置其 dir 属性来实现文本显示方向的设置，其属性值可以是 ltr 或者 rtl。ltr 的含义为从左至右，rtl 的含义为从右至左。

(8) abbr 元素：用于表示一个缩写。

(9) address 元素：用于定义一个地址，表现形式与斜体相同。

(10) blockquote 元素：用于定义一段长的引用文本。

(11) code 元素：用于定义计算机代码文本。

(12) cite 元素：用于表示对某个参考文献的引用，表现形式与斜体相同。

(13) dfn 元素：用于定义专业术语，通常用粗体或斜体显示。

(14) del 元素：用于定义文档中被删除的文本，会将文字用添加删除线的效果显示。

(15) ins 元素：用于定义文档中插入的文本，会将文字用添加下划线的效果显示。

(16) q 元素：用于定义一段短的引用文本。

(17) pre 元素：用于表示该元素包含的文本已经进行了"预格式化"。

(18) samp 元素：用于定义示范文本的内容。

(19) kbd 元素：用于定义键盘文本。

(20) var 元素：用于表示一个变量，表现形式与斜体相同。

2.1.3　超链接和锚点元素

HTML5 保留了定义超链接和锚点的 a 元素，该元素可以指定 id、class、style 等核心属性，也可以指定 onclick 等各种事件属性，它还可以指定以下三个重要属性。

(1) href 属性：用于指定超链接所关联的另一个资源。

(2) target 属性：用于指定使用框架集中的哪个框架来装载另一个资源。该属性的属性值可以是_self、_blank、_top、_parent 四个值之一，分别表示使用自身、新窗口、顶层框架、父框架来装载新资源。

(3) media 属性：它是 HTML5 新增的属性，用于指定目标 URL 所引用的媒体类型。其默认值为 all，只有当指定了 href 属性时，该属性才有效。

此外，HTML5 为 a 元素新增了 download 属性，并废弃了 charset、cords、name、rev、shape 属性。

注意：当使用 a 元素时，href 属性值既可以是绝对路径，也可以是相对路径。当指定绝对路径时，href 属性值为一个 URL。URL 用于对互联网上的文档进行寻址。一个完整的网址，例如 http://www.study.org/123/index.html，需要遵守如下的语法规则。

scheme://host.domain:port/path/filename

关于这个 URL 地址的解释如下：

(1) scheme 字段：指定因特网服务类型，比较常见的类型是 http。

(2) domain 字段：指定因特网域名，例如 hello.org、study.org 等。

(3) host 字段：指定此域中的主机。如果被省略,则 http 的默认主机为 www。

(4) port 字段：指定主机的端口号。

(5) path 字段：指定远程服务器上的路径。

(6) filename 字段：指定远程服务器上网页文档的名称。

2.1.4　列表元素

列表可以使 Web 页面呈现的信息严整有序。HTML5 保留了 HTML 中与列表相关的元素，HTML5 支持有序列表、无序列表、自定义列表。列表元素介绍如下：

(1) ul 元素：用于定义无序列表。

(2) ol 元素：用于定义有序列表。

(3) dl 元素：用于定义列表，该元素只能包含 dt 和 dd 两种子元素。

(4) li 元素：用于定义列表项。

(5) dt 元素：用于定义标题列表项。

(6) dd 元素：用于定义普通列表项。

2.1.5　表格元素

表格是 Web 页面呈现数据信息的常用形式，表格的使用可以使数据间的关系更加清晰直观。HTML5 保留了 HTML4.01 中与表格相关的元素。表格元素介绍如下：

(1) table 元素：用于定义表格。HTML5 废弃了 table 元素原有的 align、bgcolor、boder

等属性。按照 HTML5 标准的建议，table 元素的 cellpadding、cellspacing、width 属性也不应使用，而是全部放到 CSS 中定义。

(2) caption 元素：用于定义表格的标题，该元素只能包含文本、图片、超链接、文本格式化元素和表单控件元素等。

(3) tr 元素：用于定义表格行，该元素只能包含 td 和 th 两种子元素。

(4) td 元素：用于定义单元格，该元素可以包含各种类型的子元素。

(5) th 元素：用于定义表格页眉处的单元格。

(6) tbody 元素：用于定义表格的主体，该元素只能包含 tr 子元素。

(7) thead 元素：用于定义表格头。

(8) tfoot 元素：用于定义表格脚。

(9) col 元素：用于为表格的一个或者多个列指定属性，该元素只能出现在 table 元素或 colgroup 元素中。

(10) colgroup 元素：用于为表格中的一个或者多个列指定属性值，该元素只能出现 table 元素或 colgroup 元素中。

2.2 HTML5 新增文档结构元素的应用

在 HTML5 出现之前，HTML 页面只能用 div 元素作为结构元素，给代码阅读带来了极大的困扰，因此在 HTML5 中增加了大量的结构元素。有了这些结构元素，在查看页面元素时，可以更快速地定位到想看的代码，提高了代码的阅读性。

2.2.1 header 元素

header 元素用于定义文档或者节的页眉，展示介绍性内容。该元素通常包含一组介绍性的或者辅助导航的实用元素。该元素可能包含一些标题元素，但也可能包含其他元素，如 Logo 图片、搜索框、作者名称等。该元素的应用实例如例 2-1 所示，其效果如图 2-1 所示。

header 元素

【例 2-1】 header 元素应用实例(其代码见文件 chapter02_01.html)。

本例代码如下：

```html
<!DOCTYPE html>
<html>
    <head>
        <meta charset="utf-8">
        <title>学习 header 元素</title>
    </head>
    <body>
        <article>
            <header>
                <h1>header 元素应用示例</h1>
```

```
        <p>header 元素应用示例，header 元素应用示例，header 元素应用示例，header 元
    素应用示例</time></p>
        </header>
    </article>
  </body>
</html>
```

图 2-1　header 元素应用效果

2.2.2　footer 元素

footer 元素用于定义文档或者节的页脚，页脚通常包含文档的作者、版权信息、使用条款链接、联系信息等。该元素的应用实例如例 2-2 所示，其效果如图 2-2 所示。

footer 元素

【例 2-2】　footer 元素应用实例(其代码见文件 chapter02_02.html)。

本例代码如下：

```
<!DOCTYPE html>
<html>
  <head>
    <meta charset="utf-8">
    <title>学习 footer 元素</title>
  </head>
  <body>
    <h2>footer 元素应用示例，footer 元素应用示例，footer 元素应用示例，footer 元素应用示
    例，footer 元素应用示例，footer 元素应用示例，footer 元素应用示例，footer 元素应用示
    例</h2>
    <footer>
      <p>footer 元素应用示例</p>
      <p>联系方式：13000000000</p>
    </footer>
  </body>
</html>
```

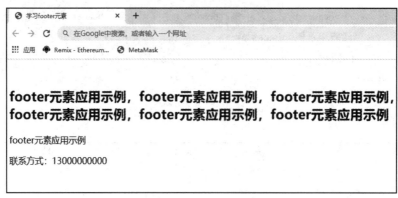

图 2-2　footer 元素应用效果

2.2.3　article 元素

article 元素用于定义文档内的文章，该元素可以嵌套使用。article 元素可以是一个论坛帖子，可以是一篇新闻报道，可以是一个博客条目，也可以是一条用户评论。只要是一篇独立的文档内容，就可以使用该元素。该元素的应用实例如例 2-3 所示，其效果如图 2-3 所示。

article 元素

【例 2-3】　article 元素应用实例(其代码见文件 chapter02_03.html)。
本例代码如下：

```
<!DOCTYPE html>
<html>
    <head>
        <meta charset="utf-8">
        <title>学习 article 元素</title>
    </head>
    <body>
        <article>
            <h1>article 元素应用示例</h1>
        </article>
    </body>
</html>
```

图 2-3　article 元素应用效果

2.2.4　section 元素

section 元素

section 元素用于定义文档中的一个区域或者节。一般通过是否包含一个标题，作为子节点辨识的每一个 section 元素。section 元素可以包含多个 article，表示该区域内部包含多篇文章。同样，section 元素也可以嵌套使用，用于表示该区域的子区域。该元素的应用实例如例 2-4 所示，其效果如图 2-4 所示。

【例 2-4】　section 元素应用实例(其代码见文件 chapter02_04.html)。

本例代码如下：

```html
<!DOCTYPE html>
<html>
  <head>
    <meta charset="utf-8">
    <title>学习 section 元素</title>
  </head>
  <body>
    <section>
      <h1>section 元素应用示例</h1>
      <p>它用于定义文档中的一个区域或者节</p>
    </section>
    <section>
      <h1>section 元素应用示例</h1>
      <p>它用于定义文档中的一个区域或者节</p>
    </section>
  </body>
</html>
```

图 2-4　section 元素应用效果

2.2.5 aside 元素

aside 元素用于定义与当前页面或者当前文章内容无关的附属信息，可以被单独拆分出来，不会使整体受影响。aside 元素通常表现为侧边栏或者嵌入内容。该元素的应用实例如例 2-5 所示，其效果如图 2-5 所示。

aside 元素

【例 2-5】　aside 元素应用案例(其代码见文件 chapter02_05.html)。

本例代码如下:

```html
<!DOCTYPE html>
<html>
    <head>
        <meta charset="utf-8">
        <title>学习 aside 元素</title>
    </head>
    <body>
        <p>它的通常表现为侧边栏或者嵌入内容。它的通常表现为侧边栏或者嵌入内容。</p>
        <aside>
            <h4>aside 元素</h4>
            <p>它的通常表现为侧边栏或者嵌入内容。它的通常表现为侧边栏或者嵌入内容。</p>
        </aside>
    </body>
</html>
```

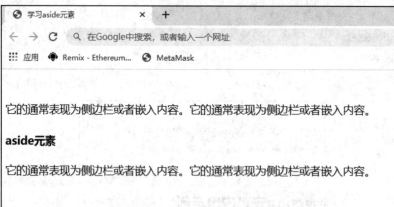

图 2-5　aside 元素应用效果

2.2.6 figure 元素

figure 元素用于定义一段独立的引用，常与 figcaption 元素配合使用，该元素常用在主文中的图片、代码、表格之中。该元素的应用实例如例 2-6 所示，其效果如图 2-6 所示。

figure 元素

【例 2-6】　figure 元素应用实例(其代码见文件 chapter02_06.html)。

本例代码如下：

```
<!DOCTYPE html>
<html>
    <head>
        <meta charset="utf-8">
        <title>学习 figure 元素</title>
    </head>
    <body>
        <p>它用于定义一段独立的引用，经常与 figcaption 元素配合使用。它用于定义一段独立
        的引用，经常与 figcaption 元素配合使用。</p>
        <figure>
            <img src="html5.jpg" tppabs="http：//www.baidu.com" alt="The Pulpit Rock" width="400"
            height="240">
        </figure>
    </body>
</html>
```

图 2-6　figure 元素应用效果

2.2.7　figcaption 元素

figcaption 元素用于表示与其相关联的引用的说明或标题，描述其父节点 figure 元素的其他数据。该元素的应用实例如例 2-7 所示，其效果如图 2-7 所示。

figcaption 元素

【例 2-7】　figcaption 元素应用实例(其代码见文件 chapter02_07.html)。

本例代码如下：

```
<!DOCTYPE html>
```

```
<html>
    <head>
        <meta charset="utf-8">
        <title>学习 figcaption 元素</title>
    </head>
    <body>
        <p>它用于表示与其相关联的引用的说明。</p>
        <figure>
            <img src="html5.jpg" alt="pic" width="400" height="240">
            <figcaption>它用于表示与其相关联的引用的说明。</figcaption>
        </figure>
    </body>
</html>
```

图 2-7　figcaption 元素应用效果

2.2.8　hgroup 元素

hgroup 元素用于对多个 h1～h6 元素进行组合，用来展示标题的多个层级或者副标题。该元素目前并没有广泛使用。该元素的应用实例如例 2-8 所示，其效果如图 2-8 所示。

hgroup 元素

【例 2-8】　hgroup 元素应用实例(其代码见文件 chapter02_08.html)。
本例代码如下：

```
<!DOCTYPE html>
<html>
    <head>
        <meta charset="utf-8">
```

```
        <title>学习 hgroup 元素</title>
    </head>
    <body>
        <hgroup>
            <h1>一级标题</h1>
            <h2>二级标题</h2>
        </hgroup>
        <p>它用于对多个标题元素进行组合。</p>
    </body>
</html>
```

图 2-8　hgroup 元素应用效果

2.2.9　nav 元素

nav 元素用于定义页面上的导航链接部分。导航条样式有很多，常见的有顶部导航、底部导航、侧边导航。该元素的应用实例如例 2-9 所示，其效果如图 2-9 所示。

nav 元素

【例 2-9】　nav 元素应用实例(其代码见文件 chapter02_09.html)。
本例代码如下：

```
<!DOCTYPE html>
<html>
    <head>
        <meta charset="utf-8">
        <title>学习 nav 元素</title>
    </head>
    <body>
        <nav>
            <a href="/学习 html5/">HTML5</a> |
            <a href="/学习 css3/">CSS3</a> |
```

```
        <a href="/学习 javascript/">JavaScript</a> |
        <a href="/学习 jquery/">jQuery</a>
    </nav>
  </body>
</html>
```

图 2-9　nav 元素应用效果

2.3　HTML5 新增文本格式化元素的应用

在 HTML 原有文本格式化元素的基础上，HTML5 新增了一些文本格式化元素，这些新特性使得 Web 页面的呈现效果更加丰富。

2.3.1　bdi 元素

bdi 元素会使位于该标签内部的文本脱离其父元素设置好的文本方向。目前这个元素的语义和支持性不是很好，所以使用并不广泛。该元素的应用实例如例 2-10 所示，其效果如图 2-10 所示。

bdi 元素

【例 2-10】　bdi 元素应用实例(其代码见文件 chapter02_10.html)。

本例代码如下：

```
<!DOCTYPE html>
<html>
  <head>
    <meta charset="utf-8">
    <title>学习 bdi 元素</title>
  </head>
  <body>
    <p>下面示例中，显示每位学生的数学成绩。将学生姓名从周围的文本方向设置中隔离出来。</p>

    <ul>
      <li>姓名 <bdi>李明</bdi>：数学成绩 60 分</li>
```

```
        <li>姓名 <bdi>张华</bdi>：数学成绩 70 分</li>
        <li>姓名 <bdi>王红</bdi>：数学成绩 80 分</li>
    </ul>
  </body>
</html>
```

图 2-10　bdi 元素应用效果

2.3.2　mark 元素

mark 元素用于定义高亮文本，会为文本加上黄色的背景色。该
元素的应用实例如例 2-11 所示，其效果如图 2-11 所示。

mark 元素

【例 2-11】　mark 元素应用实例(其代码见文件 chapter02_11.html)。

本例代码如下：

```
<!DOCTYPE html>
<html>
  <head>
    <meta charset="utf-8">
    <title>学习 mark 元素</title>
  </head>
  <body>
    <p>mark 元素将<mark>文本</mark>背景标为黄色高亮。</p>
  </body>
</html>
```

图 2-11　mark 元素应用效果

2.3.3 time 元素

time 元素用于显示被标注的内容是日期或时间，它采用的是 24 小时制。该元素的应用实例如例 2-12 所示，其效果如图 2-12 所示。

time 元素

【例 2-12】 time 元素应用实例(其代码见文件 chapter02_12.html)。
本例代码如下：

```html
<!DOCTYPE html>
<html>
    <head>
        <meta charset="utf-8">
        <title>学习 time 元素</title>
    </head>
    <body>
        <p>学校每天 <time>8：00</time> 开始上课。</p>
        <p>学校每天 <time>16：30</time> 放学。</p>
        <p>学校在 <time datetime="2020-09-10">教师节</time> 有相关活动安排。</p>
    </body>
</html>
```

图 2-12   time 元素应用效果

2.4   HTML5 页面增强元素的应用

HTML5 技术的应用领域越来越广，应用场景日趋多样化。为了给用户更多更好的体验，HTML5 增加了页面增强元素，这些新特性使得 Web 页面的呈现效果更加丰富。

2.4.1   meter 元素

meter 用于表示已知最大值和最小值的计数器，常用于电池电量、磁盘用量、速度表等。该元素的应用实例如例 2-13 所示，其效果如图 2-13 所示。

meter 元素

【例 2-13】　meter 元素应用实例(其代码见文件 chapter02_13.html)。

本例代码如下：

```
<!DOCTYPE html>
<html>
    <head>
        <meta charset="utf-8">
        <title>学习 meter 元素</title>
    </head>
    <body>
        <p>meter 元素是已知最大值和最小值的计数器，用来展示给定的数据范围。</p>
        <meter value="3" min="0" max="10">3 out of 10</meter><br>
        <meter value="0.7">70%</meter>
    </body>
</html>
```

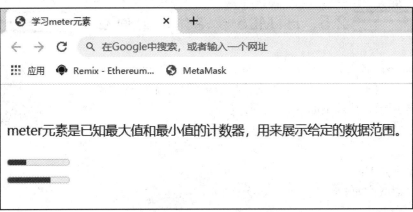

图 2-13　meter 元素应用效果

2.4.2　progress 元素

progress 元素常用于下载进度、加载进度等显示任务进度的场景。该元素的应用实例如例 2-14 所示，其效果如图 2-14 所示。

progress 元素

【例 2-14】　progress 元素应用实例(其代码见文件 chapter02_14.html)。

本例代码如下：

```
<!DOCTYPE html>
<html>
    <head>
        <meta charset="utf-8">
        <title>学习 progress 元素</title>
    </head>
```

```
<body>
    文件下载进度：
    <progress value="78" max="100">
    </progress>
</body>
</html>
```

图 2-14　progress 元素应用效果

2.5　HTML5 多媒体元素的应用

HTML5 多媒体元素包括 audio 元素和 video 元素。audio 元素用于支持播放音频；video 元素用于支持播放视频。它们的应用实例如例 2-15 所示，其效果如图 2-15 所示。

HTML5 多媒体元素

【例 2-15】　HTML5 多媒体元素的应用实例(其代码见文件 chapter02_15.html)。

本例代码如下：

```
<!DOCTYPE html>
<html>
    <head>
        <meta charset="utf-8">
        <title>学习 audio 和 video 元素</title>
    </head>
    <body>
            <p>这是一段音乐</p>
        <audio controls>
            <source src="music.mp3">
        </audio>
            <br/>
        <p>这是一段视频</p>
        <video width="400" height="300" controls>
            <source src="html5.mp4" type="video/mp4">
        </video>
```

```
        </body>
    </html>
```

图 2-15　audio 元素与 video 元素应用效果

2.6　HTML5 保留的通用属性

在 HTML 中，元素可以指定属性，不同元素支持的属性可能略有区别，不过有些属性是所有的元素都支持的，例如 id、style、class 等，这种属性被称为通用属性。HTML5 规范保留了大量原有的通用属性，包括 id、style、class、dir、title、lang、accesskey、tableindex 等。

• id 属性：用于为 HTML 元素指定唯一标识。当使用 CSS 或 JavaScript 时，可通过该属性值来获取该 HTML 元素。

• style 属性：用于为 HTML 元素指定 CSS 样式。

• class 属性：用于匹配 CSS 样式的 class 选择器。

• dir 属性：用于设置元素中内容排列的方向，该属性支持 ltr 和 rtl 两个属性值。

• title 属性：用于为 HTML 元素添加额外的信息。当用户将鼠标移动到该元素上时，会自动显示 title 属性所指定的信息。

• lang 属性：用于告知浏览器和搜索引擎、页面中元素的内容所使用的语言。该属性值应符合标准代码，例如 zh 代表中文、en 代表英文、fr 代表法语、ja 代表日文等。

• accesskey 属性：当页面中有多个元素时，可以通过 accesskey 属性来指定激活该元素的快捷键，这样用户通过快捷键可以激活对应的 HTML 元素。

• tabindex 属性：当用户浏览页面时，可以通过键盘上的 Tab 键来切换窗口或页面中 HTML 元素来获得焦点，tabindex 属性则用于控制窗口、获取焦点的顺序。例如将某元素的 tabindex 属性设置为 1，则表示第一次按下 Tab 键时该元素获得焦点。

2.7 HTML5 新增通用属性的应用

HTML5 规范新增了 contenteditable、designMode、hidden、spellcheck 等通用属性。

2.7.1 contenteditable 属性

HTML5 为大部分 HTML 元素增加了 contenteditable 属性，该属性规定元素内容是否可编辑。如果将该属性值设置为 true，那么浏览器将允许用户直接编辑该 HTML 元素中的内容。修改后的内容会直接显示在该页面上，但是一旦刷新页面，页面会重新加载，修改的内容会丢失。该属性的应用实例如例 2-16 所示，其效果如图 2-16 所示。

contenteditable 属性

【例 2-16】 contenteditable 属性的应用实例(其代码见文件 chapter02_16.html)。
本例代码如下：

```html
<!DOCTYPE html>
<html>
    <head>
        <meta charset="utf-8">
        <title>学习 contenteditable 属性</title>
    </head>
    <body>
        <p contenteditable="true">这是一段可编辑修改的文本。</p>
    </body>
</html>
```

图 2-16 contenteditable 属性应用效果

2.7.2　designMode 属性

designMode 属性相当于一个全局的 contenteditable 属性。如果将 designMode 属性设置为 on,则该页面上所有支持 contenteditable 属性的元素都变成可编辑状态。designMode 属性的默认值为 off。

designMode 属性

2.7.3　hidden 属性

HTML5 的所有元素都有 hidden 属性,其属性值为 true 时显示,属性值为 false 时隐藏。CSS 中的 display 属性也可以设置与 hidden 属性一样的效果。该属性的应用实例如例 2-17 所示,其效果如图 2-17 所示。

hidden 属性

【例 2-17】　hidden 属性应用实例(其代码见文件 chapter02_17.html)。

本例代码如下:

```
<!DOCTYPE html>
<html>
    <head>
        <meta charset="utf-8">
        <title>学习 hidden 属性</title>
    </head>
    <body>
        <p hidden="true">这是一段隐藏的文本。</p>
        <p>这是一段可见的文本。</p>
    </body>
</html>
```

图 2-17　hidden 属性应用效果

2.7.4　spellcheck 属性

HTML5 为 input、textarea 等元素增加了 spellcheck 属性,该

spellcheck 属性

属性支持 true 和 false 两个属性值。如果值为 true，浏览器将对用户输入的文本内容执行输入检查。如果检查不通过，那么浏览器会对拼错的单词进行提示。该属性的应用实例如例 2-18 所示，其效果如图 2-18 所示。

【例 2-18】 spellcheck 属性应用实例(其代码见文件 chapter02_18.html)。

本例代码如下：

```html
<!DOCTYPE html>
<html>
    <head>
        <meta charset="utf-8">
        <title>学习 spellcheck 属性</title>
    </head>
    <body>
        <p contenteditable="true" spellcheck="true">这是可编辑的文本。</p>
        姓名： <input type="text" name="fname" spellcheck="true">
    </body>
</html>
```

图 2-18 spellcheck 属性应用效果

2.8 综合案例

下面通过"经典金曲"综合案例来进一步深入理解和掌握本章涉及的知识点与技术点。在这个页面中，以列表的形式呈现了五首经典金曲，点击音乐播放控件，可以播放该歌曲；右侧标出了该歌曲的播放量，并将数值以高亮形式显示；页面底部写有"传承红色经典，开创时代新篇"的宣传语。案例代码如例 2-19 所示，页面效果如图 2-19 所示。

【例 2-19】 综合案例(其代码见文件 chapter02_19.html)。

本例代码如下：

```
<!DOCTYPE html>
<html>
    <head>
            <meta charset="UTF-8">
            <title>经典金曲</title>
    </head>
    <body>
        <h1>经典金曲</h1>
        <ul>
        <li>
            <h3>歌唱祖国</h3>
            <audio controls>
                <source src="./music/歌唱祖国.mp3">
            </audio>
            播放量：<mark>1926</mark>
        </li>
        <li>
            <h3>我和我的祖国</h3>
            <audio controls>
                <source src="./music/我和我的祖国.mp3">
            </audio>
            播放量：<mark>2973</mark>
        </li>
        <li>
            <h3>我的中国心</h3>
            <audio controls>
                <source src="./music/我的中国心.mp3">
            </audio>
            播放量：<mark>1726</mark>
        </li>
        <li>
            <h3>祖国不会忘记</h3>
            <audio controls>
                <source src="./music/祖国不会忘记.mp3">
            </audio>
            播放量：<mark>1510</mark>
        </li>
        <li>
```

```
        <h3>国 家</h3>
        <audio controls>
            <source src="./music/国家.mp3">
        </audio>
        播放量：<mark>2249</mark>
    </li>
</ul>
</body>
<footer>
    <p>传承红色经典，开创时代新篇</p>
</footer>
</html>
```

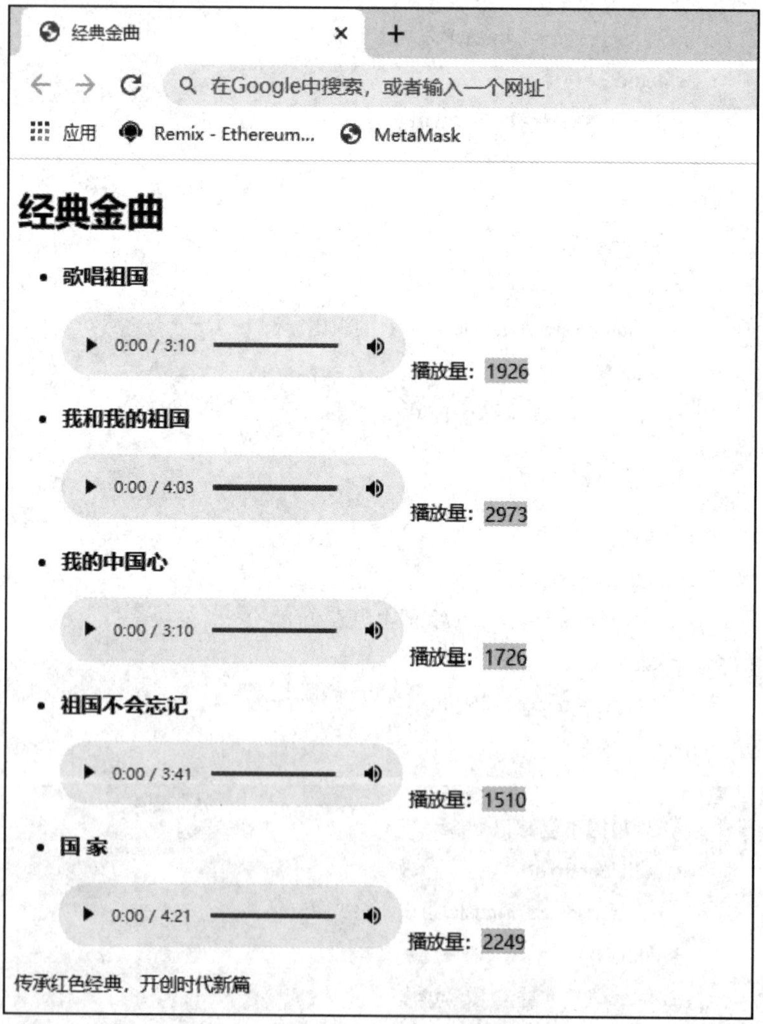

图 2-19　经典金曲页面效果

本 章 小 结

本章介绍了 HTML5 保留的元素，HTML5 新增的文档结构元素、文本格式化元素、页面增强元素和多媒体元素，以及 HTML5 保留和新增的通用属性。通过案例，重点介绍了 HTML5 新增的文档结构元素、文本格式化元素、页面增强元素、多媒体元素及新增的通用属性的使用方法。

习 题 与 实 践

一、选择题

1. 下列说法错误的是(　　)。

A. header 元素用于定义文档或者节的页眉，展示介绍性内容

B. footer 元素用于定义文档或者节的页脚

C. mark 元素用于定义高亮文本，会为文本加上红色的背景色

D. section 元素用于定义文档中的区域或者节

2. 下列说法正确的是(　　)。

A. meter 元素用于生成日期选择框

B. progress 元素常用于下载进度、加载进度等显示任务进度的场景

C. audio 元素用于播放视频

D. video 元素用于播放音频

3. 下列说法正确的是(　　)。

A. designMode 属性相当于一个全局的 contenteditable 属性

B. designMode 属性的默认值为 on

C. hidden 属性值为 true 时显示，为 false 时隐藏

D. spellcheck 属性支持 on 和 off 两个属性值

4. 哪个元素用于定义文档或者节的页眉？(　　)。

A. header　　　　　B. footer　　　　　C. article　　　　　D. aside

5. 哪个元素用于定义页面上的导航链接部分？(　　)

A. figure　　　　　B. hgroup　　　　　C. nav　　　　　D. section

二、简答题

1. HTML5 规范保留了哪些通用属性？新增了哪些通用属性？

2. 请列举 HTML5 新增的文档结构元素。

3. 请列举 HTML5 新增的页面增强元素。

三、实践演练

参照图 2-20 所示的效果，编写"我心目中的优美旋律"页面。

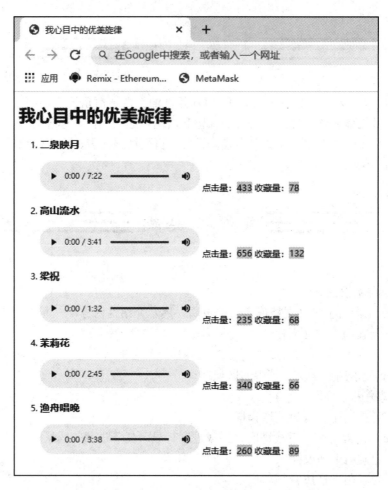

图 2-20　我心目中的优美旋律页面

HTML5 表单元素和属性

 学习目标

✦ 了解 HTML5 保留的表单元素和新特性；

✦ 掌握 HTML5 表单 input 元素新增功能类型；

✦ 掌握 HTML5 表单新增的 output 元素；

✦ 掌握 HTML5 表单元素新增的属性；

✦ 能够正确使用 HTML5 表单元素和属性。

3.1　HTML5 保留的表单元素

表单在网页中主要负责数据采集。一个表单有三个基本组成部分：表单标签、表单域、表单按钮。表单标签包含了处理表单数据所用程序的 URL 以及数据提交到服务器的方法。表单域包含了文本框、密码框、隐藏域、多行文本框、复选框、单选框、下拉选择框和文件上传框等。表单按钮包括提交按钮、复位按钮和一般按钮，用于触发将数据传送到服务器上的程序脚本或者取消输入，还可以用表单按钮来控制其他定义了处理脚本的处理工作。

HTML5 虽然在 HTML4.01 标准的基础上新增了表单相关元素及属性，但保留了大部分原有表单元素，例如 form、input、select、option、textarea 等。在大部分情况下，表单控件元素使用 input 元素，该元素可以通过对 type 属性设置不同的属性值，转化为不同的表单控件。

(1) form 元素。form 元素用来定义表单整体，内部可以放置各类表单控件。

(2) 单行文本框。当 input 元素的 type 属性的值为"text"时，即<input type="text" />，表示单行文本框。

(3) 密码输入框。当 input 元素的 type 属性的值为"password"时，即<input type="password" />，表示密码输入框。

(4) 单选按钮。当 input 元素的 type 属性的值为"radio"时，即<input type="radio" />，表示单选按钮。

(5) 复选按钮。当 input 元素的 type 属性的值为"checkbox"时，即<input type="checkbox" />，表示复选按钮。

(6) 提交按钮。当 input 元素的 type 属性的值为"submit"时，即<input type="submit" />，表示提交按钮。

(7) 重置按钮。当 input 元素的 type 属性的值为"reset"时，即<input type="reset" />，表示重置按钮。

(8) 普通按钮。当 input 元素的 type 属性的值为"button"时，即<input type="button" />，表示普通按钮。

(9) 图片形式的提交按钮。当 input 元素的 type 属性的值为"image"时，即<input type="image" />，表示图片形式的提交按钮。

(10) 选择文件控件。当 input 元素的 type 属性的值为"file"时，即<input type="file" />，表示选择文件控件。

(11) 隐藏的输入区域。当 input 元素的 type 属性的值为"hidden"时，即<input type="hidden" />，表示隐藏的输入区域。

3.2 HTML5 表单 input 元素新增功能类型的应用

HTML5 在保留原有表单元素和属性的基础上，为原有的 input 表单元素增加了新的功能类型，极大地增强了 HTML 表单的功能。

3.2.1 color 类型

color 类型可以使 input 元素生成允许用户使用颜色的选择器，或者输入兼容 CSS 语法的颜色代码的区域。当用户在颜色选择器中指定颜色后，该元素的值为选中颜色的值。该类型的应用实例如例 3-1 所示，其效果如图 3-1 所示。

color 类型

【例 3-1】 color 类型应用实例(其代码见文件 chapter03_01.html)。

本例代码如下:

```html
<!DOCTYPE html>
<html>
    <head>
        <meta charset="utf-8">
        <title>学习 input 元素的 color 类型</title>
    </head>
    <body>
        <form action="demo-form.php">
            可选的颜色: <input type="color" ><br/>
            <input type="submit" value="确定">
        </form>
    </body>
</html>
```

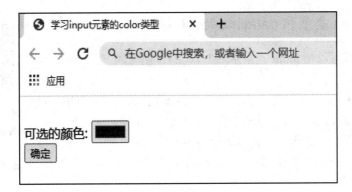

图 3-1　color 类型显示效果

3.2.2　time 类型

time 类型可以使 input 元素生成时间选择器，其结果值包括小时和分。该类型的应用实例如例 3-2 所示，其效果如图 3-2 所示。

time 类型

【例 3-2】　time 类型应用实例(其代码见文件 chapter03_02.html)。

本例代码如下:

```html
<!DOCTYPE html>
<html>
    <head>
        <meta charset="utf-8">
        <title>学习 input 元素的 time 类型</title>
    </head>
    <body>
        <form action="demo-form.php">
            请选择时间: <input type="time" ><br/>
            <input type="submit" value="确定">
        </form>
    </body>
</html>
```

图 3-2　time 类型显示效果

3.2.3　datetime 类型和 datatime-local 类型

datatime 类型可以使 input 元素生成 UTC 的日期时间选择器，此类型不常用。

datatime-local 类型可以使 input 元素生成本地化的日期时间选择器，其结果值包括年份、月份、日期、小时、分钟。这两种类型的应用实例如例 3-3 所示，其效果如图 3-3 所示。

datetime 类型和
datatime-local 类型

【例 3-3】　datetime 类型和 datatime-local 类型应用实例(其代码见文件 chapter03_03.html)。

本例代码如下：

```html
<!DOCTYPE html>
<html>
  <head>
    <meta charset="utf-8">
    <title>学习 input 元素的 datetime 类型和 datetime-local 类型</title>
  </head>
  <body>
    <form action="demo-form.php">
      请选择日期和时间: <input type="datetime" ><br/>
      <input type="submit" value="确定">
      <br/>
      <br/>
      请选择日期和时间: <input type="datetime-local" ><br/>
      <input type="submit" value="确定">
    </form>
  </body>
</html>
```

图 3-3　datetime 类型和 datatime-local 类型显示效果

3.2.4　date 类型

date 类型

date 类型可以使 input 元素生成允许用户输入日期的区域,其结果值包括年份、月份和日期。date 类型可以通过 min 和 max 属性,限制用户的可选日期范围。该类型的应用实例如例 3-4 所示,其效果如图 3-4 所示。

【例 3-4】　date 类型应用实例(其代码见文件 chapter03_04.html)。

本例代码如下:

```html
<!DOCTYPE html>
<html>
    <head>
        <meta charset="utf-8">
        <title>学习 input 元素的 date 类型</title>
    </head>
    <body>
        <form action="demo-form.php">
            请选择时日期: <input type="date" ><br/>
            <input type="submit" value="确定">
        </form>
    </body>
</html>
```

图 3-4　date 类型显示效果

3.2.5　month 类型

month 类型

month 类型可以使 input 元素生成月份选择器,其结果值包括年份和月份。month 类型可以通过 min 和 max 属性,限制用户的可选月份范围。该类型的应用实例如例 3-5 所示,其效果如图 3-5 所示。

【例 3-5】　month 类型应用实例(其代码见文件 chapter03_05.html。)

本例代码如下:

```
<!DOCTYPE html>
<html>
    <head>
        <meta charset="utf-8">
        <title>学习 input 元素的 month 类型</title>
    </head>
    <body>
        <form action="demo-form.php">
            请选择月份: <input type="month" ><br/>
            <input type="submit" value="确定">
        </form>

    </body>
</html>
```

图 3-5　month 类型显示效果

3.2.6　week 类型

week 类型可以使 input 元素生成选择第几周的选择器。week 类型可以通过 min 和 max 属性，限制用户的可选周的范围。该类型的应用实例如例 3-6 所示，其效果如图 3-6 所示。

week 类型

【例 3-6】　week 类型应用实例(其代码见文件 chapter03_06.html)。

本例代码如下:

```
<!DOCTYPE html>
<html>
    <head>
        <meta charset="utf-8">
        <title>学习 input 元素的 week 类型</title>
    </head>
```

```
    <body>
        <form action="demo-form.php">
            请选择周: <input type="week" ><br/>
            <input type="submit" value="确定">
        </form>
    </body>
</html>
```

图 3-6　week 类型显示效果

3.2.7　email 类型

email 类型可以使 input 元素生成 email 输入框。用户可在此输入框中输入 email 地址。如果设置了 multiple 属性,可输入多个 email 地址,每个 email 地址间需用英文逗号间隔。此输入框在提交前,会自动验证输入值是否是合法的 email 地址。该类型的应用实例如例 3-7 所示,其效果如图 3-7 所示。

email 类型

【例 3-7】　email 类型应用实例(其代码见文件 chapter03_07.html)。

本例代码如下:

```
<!DOCTYPE html>
<html>
    <head>
        <meta charset="utf-8">
        <title>学习 input 元素的 email 类型</title>
    </head>
    <body>
        <form action="demo-form.php">
            请输入电子邮箱: <input type="email" ><br/>
            <input type="submit" value="确定">
        </form>
    </body>
</html>
```

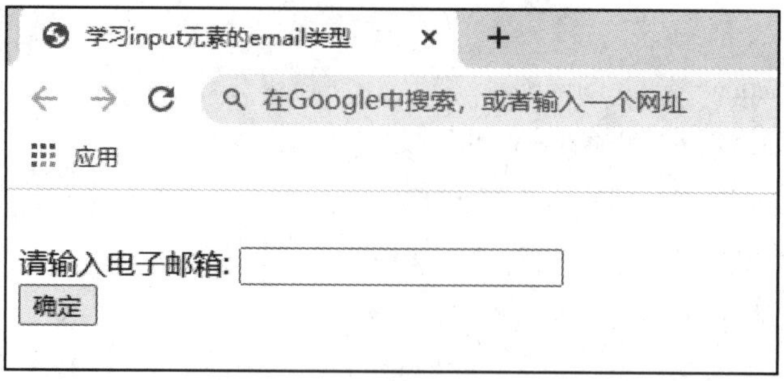

图 3-7　email 类型显示效果

3.2.8　number 类型

number 类型可以使 input 元素生成只能输入数字的输入框。浏览器会为此输入框提供步进箭头，使用户可以使用鼠标增加或减少输入的值。可使用 min 和 max 属性指定允许的最小值和最大值，还可使用 step 属性更改步长值。该类型的应用实例如例 3-8 所示，其效果如图 3-8 所示。

number 类型

【例 3-8】　number 类型应用实例(其代码见文件 chapter03_08.html)。

本例代码如下：

```
<!DOCTYPE html>
<html>
    <head>
        <meta charset="utf-8">
        <title>学习 input 元素的 number 类型</title>
    </head>
    <body>
        <form action="demo-form.php">
            请输入数字: <input type="number" ><br/>
            <input type="submit" value="确定">
        </form>
    </body>
</html>
```

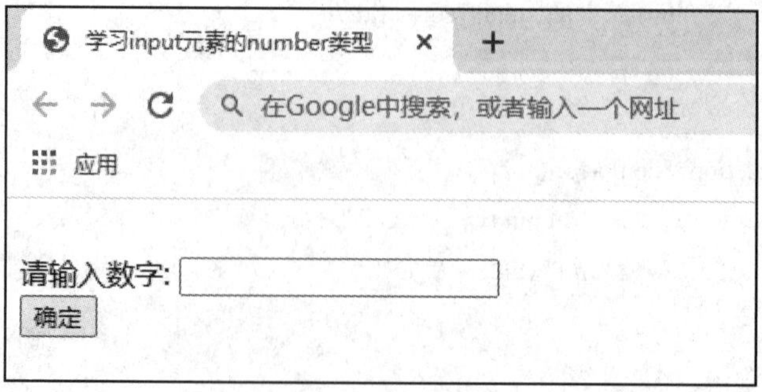

图 3-8　number 类型显示效果

3.2.9　range 类型

range 类型

range 类型可以使 input 元素生成拖动条。通过拖动条，用户只能输入指定范围、指定步长的值。可使用 min 和 max 属性，指定该字段允许的最小值和最大值，还可使用 step 属性更改步长值。该类型的应用实例如例 3-9 所示，其效果如图 3-9 所示。

【例 3-9】　range 类型应用实例(其代码见文件 chapter03_09.html)。

本例代码如下：

```html
<!DOCTYPE html>
<html>
    <head>
        <meta charset="utf-8">
        <title>学习 input 元素的 range 类型</title>
    </head>
    <body>
        <form action="demo-form.php">
            请设置拖动条: <input type="range" ><br/>
            <input type="submit" value="确定">
        </form>
    </body>
</html>
```

图 3-9　range 类型显示效果

3.2.10　search 类型

search 类型

search 类型可以使 input 元素生成专门用于输入搜索关键字的文本框。该类型的应用实例如例 3-10 所示，其效果如图 3-10 所示。

【例 3-10】　search 类型应用实例(其代码见文件 chapter03_10.html)。

本例代码如下：

```html
<!DOCTYPE html>
<html>
```

```
    <head>
        <meta charset="utf-8">
        <title>学习 input 元素的 search 类型</title>
    </head>
    <body>
        <form action="demo-form.php">
            请输入搜索关键字: <input type="search" >
            <input type="submit" value="搜索">
        </form>
    </body>
</html>
```

图 3-10   search 类型显示效果

3.2.11   tel 类型

tel 类型可以使 input 元素生成只能输入电话号码的文本框。该类型的应用实例如例 3-11 所示，其效果如图 3-11 所示。

tel 类型

【例 3-11】   tel 类型应用实例(其代码见文件 chapter03_11.html)。

本例代码如下：

```
    <!DOCTYPE html>
    <html>
        <head>
            <meta charset="utf-8">
            <title>学习 input 元素的 tel 类型</title>
        </head>
        <body>
            <form action="demo-form.php">
                请输入电话号码: <input type="tel" ><br/>
                <input type="submit" value="提交">
            </form>
        </body>
    </html>
```

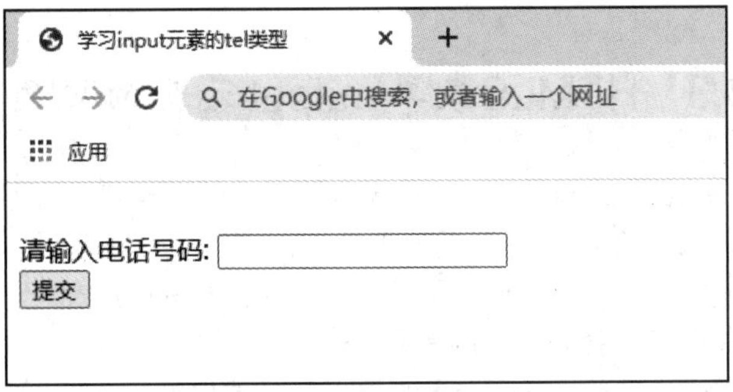

图 3-11　tel 类型显示效果

3.2.12　url 类型

url 类型可以使 input 元素生成 URL 输入框。浏览器在提交表单前会自动检查用户输入的内容，如果不符合 URL 格式，则会阻止提交并提示用户。该类型的应用实例如例 3-12 所示，其效果如图 3-12 所示。

url 类型

【例 3-12】　url 类型应用实例(其代码见文件 chapter03_12.html)。

本例代码如下：

```
<!DOCTYPE html>
<html>
    <head>
        <meta charset="utf-8">
        <title>学习 input 元素的 url 类型</title>
    </head>
    <body>
        <form action="demo-form.php">
            请输入网址: <input type="url"><br/>
            <input type="submit" value="前往">
        </form>
    </body>
</html>
```

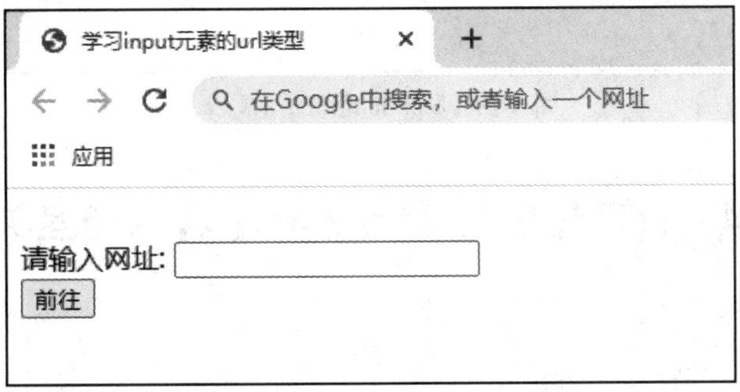

图 3-12　url 类型显示效果

3.3 HTML5 表单 output 元素的应用

HTML5 为表单新增了 output 元素，该元素用于表示计算或者用户操作的结果，可以更加明确地显示其他表单控件的值，如 range 类型的值、color 的值等。这样将会使表单更加人性化。output 元素的应用实例如例 3-13 所示，其效果如图 3-13 所示。

output 元素

【例 3-13】 HTML5 表单 output 元素的应用实例(其代码见文件 chapter03_13.html)。

本例代码如下：

```html
<!DOCTYPE html>
<html>
    <head>
        <meta charset="utf-8">
        <title>学习 output 元素</title>
    </head>
    <body>
        <form oninput="sum.value=parseInt(a1.value)+parseInt(b1.value)">0
            <input type="range" id="a1" value="60">100
            +<input type="number" id="b1" value="80">
            =<output name="sum" for="a1 b1"></output>
        </form>
    </body>
</html>
```

图 3-13 output 元素显示效果

3.4 HTML5 表单元素新增属性的应用

3.4.1 form 属性

form 属性用于表明该表单元素所属的表单。该属性的值是其所属表单的 id。该属性可

以使表单元素位于 form 元素之外，提高设计的灵活性。该属性的应用
实例如例 3-14 所示，其效果如图 3-14 所示。

form 属性

【例 3-14】　form 属性应用实例(其代码见文件 chapter03_14.html)。

本例代码如下：

```
<!DOCTYPE html>
<html>
    <head>
        <meta charset="utf-8">
        <title>学习 form 属性</title>
    </head>
    <body>
        <form action="demo-form.php" id="form1">
            姓名: <input type="text" name="name"><br>
            <input type="submit" value="提交">
        </form>
        <p> 家庭住址输入框没有在 form 表单之内，但它也属于 form 表单的一部分。</p>
        家庭住址: <input type="text" name="address" form="form1">
    </body>
</html>
```

图 3-14　form 属性应用效果

3.4.2　formaction 属性

formaction 属性允许表单将其内容提交到不同的 action。该属性的
应用实例如例 3-15 所示，其效果如图 3-15 所示。

formaction 属性

【例 3-15】　formaction 属性应用实例(其代码见文件 chapter03_
15.html)。

本例代码如下：

```
<!DOCTYPE html>
```

```
<html>
    <head>
        <meta charset="utf-8">
        <title>学习 formaction 属性</title>
    </head>
    <body>
        <form action="demo-form1.php">
            姓名: <input type="text" name="name"><br>
            住址: <input type="text" name="address"><br>
            <input type="submit" value="提交"><br>
            <input type="submit" formaction="demo-form2.php" value="提交">
        </form>
    </body>
</html>
```

图 3-15   formaction 属性应用效果

3.4.3   formmethod 属性

formmethod 属性可以实现不同的 submit 类型按钮用不同的 method 提交。该属性的值只能是 get 或者 post。该属性的应用实例如例 3-16 所示,其效果如图 3-16 所示。

formmethod 属性

【例 3-16】   formmethod 属性应用实例(其代码见文件 chapter03_16.html)。
本例代码如下:

```
<!DOCTYPE html>
<html>
    <head>
        <meta charset="utf-8">
        <title>学习 formmethod 属性</title>
    </head>
    <body>
```

```
<form action="demo-form1.php" method="get">
    姓名: <input type="text" name="name"><br>
    住址: <input type="text" name="address"><br>
    <input type="submit" value="使用 GET 提交">
    <input type="submit" formmethod="post" formaction="demo-form2.php" value="使用
    POST 提交">
    </form>
    </body>
</html>
```

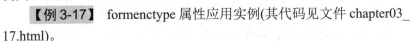

图 3-16　formmethod 属性应用效果

3.4.4　formenctype 属性

formenctype 属性可以实现不同的 submit 类型按钮用不同的 enctype 提交。该属性的应用实例如例 3-17 所示，其效果如图 3-17 所示。

formenctype 属性

【例 3-17】　formenctype 属性应用实例(其代码见文件 chapter03_17.html)。

本例代码如下：

```
<!DOCTYPE html>
<html>
    <head>
        <meta charset="utf-8">
        <title>学习 formenctype 属性</title>
    </head>
    <body>
        <form action="demo-form.php" method="post">
            姓名: <input type="text" name="name"><br>
            <input type="submit" value="提交 1">
            <input type="submit" formenctype="multipart/form-data" value="提交 2">
        </form>
    </body>
</html>
```

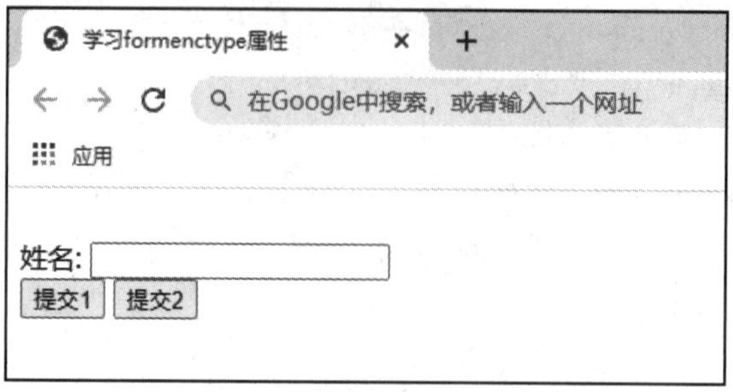

图 3-17　formenctype 属性应用效果

formtarget 属性

3.4.5　formtarget 属性

formtarget 属性可以实现不同的 submit 类型按钮用不同的 target 提交。该属性的应用实例如例 3-18 所示，其效果如图 3-18 所示。

【例 3-18】　formtarget 属性应用实例(其代码见文件 chapter03_18.html)。

本例代码如下：

```
<!DOCTYPE html>
<html>
  <head>
    <meta charset="utf-8">
    <title>学习 formtarget 属性</title>
  </head>
  <body>
    <form action="demo-form.php">
      姓名: <input type="text" name="name"><br>
      住址: <input type="text" name="address"><br>
      <input type="submit" value="正常提交">
      <input type="submit" formtarget="_blank" value="提交到新的页面">
    </form>
  </body>
</html>
```

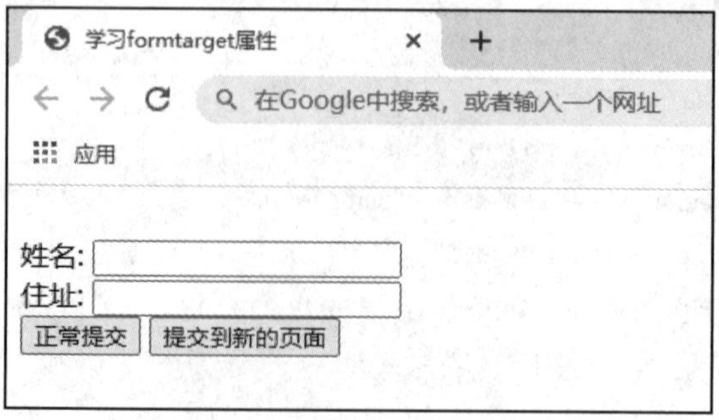

图 3-18　formtarget 属性应用效果

3.4.6   placeholder 属性

placeholder 属性用于在文本框中显示简短的提示信息。该提示信息会在用户输入内容后或者文本框获得焦点后消失。该属性的应用实例如例 3-19 所示，其效果如图 3-19 所示。

placeholder 属性

【例 3-19】 placeholder 属性应用实例（其代码见文件 chapter03_19.html）。

本例代码如下：

```html
<!DOCTYPE html>
<html>
    <head>
        <meta charset="utf-8">
        <title>学习 placeholder 属性</title>
    </head>
    <body>
        <form action="demo-form.php">
            <input type="text" name="name" placeholder="姓名"><br>
            <input type="text" name="address" placeholder="住址"><br>
            <input type="submit" value="提交">
        </form>
    </body>
</html>
```

图 3-19　placeholder 属性应用效果

3.4.7   autocomplete 属性

autocomplete 属性用于实现文本框输入内容的自动补全功能。autocomplete 属性默认值为 on，如需增加安全性，则可在 input 元素中加入属性 autocomplete="off"。该属性的应用实例如例 3-20

autocomplete 属性

所示，其效果如图 3-20 所示。

【例 3-20】 autocomplete 属性应用案例(其代码见文件 chapter03_20.html。)

本例代码如下：

```html
<!DOCTYPE html>
<html>
    <head>
        <meta charset="utf-8">
        <title>学习 autocomplete 属性</title>
    </head>
    <body>
        <form action="demo-form.php" autocomplete="on">
            姓名:<input type="text" name="name"><br>
            住址: <input type="text" name="address"><br>
            E-mail: <input type="email" name="email" autocomplete="off"><br>
            <input type="submit">
        </form>
    </body>
</html>
```

图 3-20   autocomplete 属性应用效果

3.4.8 autofocus 属性

为某个表单控件增加 autofocus 属性后，使用浏览器打开这个页面时，该表单控件会自动获得焦点。autofocus 属性值只能为 autofocus。该属性的应用实例如例 3-21 所示，其效果如图 3-21 所示。

autofocus 属性

【例 3-21】 autofocus 属性应用实例(其代码见文件 chapter03_21.html)。

本例代码如下：

```html
<!DOCTYPE html>
<html>
```

```
<head>
    <meta charset="utf-8">
    <title>学习 autofocus 属性</title>
</head>
<body>
    <form action="demo-form.php">
        姓名: <input type="text" name="name" autofocus><br>
        住址: <input type="text" name="address"><br>
        <input type="submit">
    </form>
</body>
</html>
```

图 3-21　autofocus 属性应用效果

3.4.9　list 属性

　　list 属性为文本框指定可用的选项列表,当用户在文本框中输入信息时, 会根据输入的字符自动显示下拉列表提示, 供用户选择。

　　list 属性要与 datalist 元素结合使用,该元素用于定义选项列表,其自身不会显示在页面上, 而是为其他元素的 list 属性提供数据。

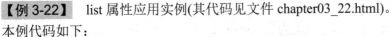

list 属性

　　该属性的应用实例如例 3-22 所示,其效果如图 3-22 所示。

　　【例 3-22】　list 属性应用实例(其代码见文件 chapter03_22.html)。

　　本例代码如下:

```
<!DOCTYPE html>
<html>
    <head>
        <meta charset="utf-8">
        <title>学习 list 属性</title>
    </head>
    <body>
```

```
<form action="demo-form.php" method="get">
    <input list="yinpin" name="yinpin">
    <datalist id="yinpin">
        <option value="咖啡">
        <option value="橙汁">
        <option value="可乐">
        <option value="牛奶">
        <option value="红茶">
    </datalist>
    <input type="submit">
</form>
</body>
</html>
```

图 3-22　list 属性应用效果

3.4.10　pattern 属性

pattern 属性用于验证表单输入的内容。pattern 的属性值为正则表达式。该属性在具有 novalidate 属性的 form 元素内不生效。该属性的应用实例如例 3-23 所示，其效果如图 3-23 所示。

pattern 属性

【例 3-23】　pattern 属性应用实例(其代码见文件 chapter03_23.html)。
本例代码如下：

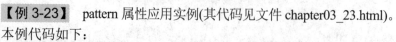
```
<!DOCTYPE html>
<html>
    <head>
```

```
        <meta charset="utf-8">
        <title>学习 pattern 属性</title>
    </head>
    <body>
        <form action="demo-form.php">
            国家代码: <input type="text" name="country_code" pattern="[A-Za-z]{3}" title="应输入
                三个字母的国家代码,如:CHN 代表中国">
            <input type="submit">
        </form>
    </body>
</html>
```

图 3-23　pattern 属性应用效果

3.4.11　novalidate 属性

novalidate 属性规定,当提交表单时不对其进行验证。novalidate 属性适用于 form 元素以及以下类型的 input 元素：text、search、url、telephone、email、password、datepickers、range 和 color,还具有 pattern 或者 required 的属性的 input 元素。该属性的属性值只有 novalidate。该属性的应用实例如例 3-24 所示,其效果如图 3-24 所示。

novalidate 属性

【例 3-24】　novalidate 属性应用实例(其代码见文件 chapter03_24.html)。
本例代码如下:

```
<!DOCTYPE html>
<html>
    <head>
        <meta charset="utf-8">
        <title>学习 novalidate 属性</title>
    </head>
    <body>
        <form action="demo-form.php" novalidate>
```

```
        E-mail: <input type="email" name="user_email">
        <input type="submit">
    </form>
</body>
</html>
```

图 3-24 novalidate 属性应用效果

3.4.12 required 属性

required 属性规定，必须在提交之前填写输入字段。如果使用该属性，则字段是必填的。

required 属性

required 属性适用于 form 元素以及以下类型的 input 元素：text、search、url、telephone、email、password、datepickers、number、checkbox、radio 和 file，其属性值只能是 required。该属性在具有 novalidate 属性的 form 元素内不生效。该属性的应用实例如例 3-25 所示，其效果如图 3-25 所示。

【例 3-25】 required 属性应用实例(其代码见文件 chapter03_25.html)。

本例代码如下：

```
<!DOCTYPE html>
<html>
    <head>
        <meta charset="utf-8">
        <title>学习 required 属性</title>
    </head>
    <body>
        <form action="demo-form.php">
            用户 ID: <input type="text" name="userid" required>
            <input type="submit">
        </form>
    </body>
</html>
```

图 3-25　required 属性应用效果

3.4.13　textarea 元素新增 maxlength 属性和 wrap 属性

textarea 元素的 maxlength 属性用于规定文本区域的最大字符数。textarea 元素的 wrap 属性默认值为 soft，此种情况下，在表单提交时，文本框中的文本不换行。如果 wrap 的值为 hard，则提交的文本会包含其中的换行符。这两种属性的应用实例如例 3-26 所示，其效果如图 3-26 所示。

textarea 元素新增
maxlength 属性和
wrap 属性

【例 3-26】　textarea 元素新增 maxlength 属性和 wrap 属性应用实例(其代码见文件 chapter03_26.html)。

本例代码如下：

```
<!DOCTYPE html>
<html>
  <head>
    <meta charset="utf-8">
    <title>学习 textarea 元素新增 maxlength 属性和 wrap 属性</title>
  </head>
  <body>
    <textarea rows="4" cols="50" maxlength="6" wrap="hard">请在此输入……</textarea>
  </body>
</html>
```

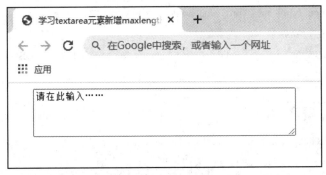

图 3-26　maxlength 属性和 wrap 属性应用效果

3.5 综合案例

下面通过"VIP 会员信息采集"综合案例，来进一步深入理解和掌握本章涉及的知识点与技术点。在这个页面中，VIP 会员可以填写自己的昵称、出生日期、登录密码、真实姓名、性别、年龄、学历、身份证号、手机号、电子邮箱、个人爱好、喜欢的颜色、个性签名等信息，还可以上传用户头像图片。其代码如例 3-27 所示，页面效果如图 3-27 所示。

【例 3-27】 综合案例(完整代码见文件 chapter03_27.html)。

本例代码如下：

```html
<!DOCTYPE html>
<html>
    <head>
        <meta charset="utf-8">
        <title>综合应用案例-VIP 会员信息采集</title>
    </head>
    <body>
        <h1>VIP 会员信息</h1>
        <form action="demo-form.php">
            头      像:
            <input type="image" width="80" height="80" src="touxiang.jpg" />
            <br /><br />
            昵      称:
            <input type="text" autofocus required />
            <br /><br />
            出生日期: <input type="date" required />
            <br /><br />
            密      码:
            <input type="password" placeholder="请输入密码" required />
            <br /><br />
            确认密码: <input type="password" placeholder="请再次输入密码"required />
            <br /><br />
            真实姓名: <input type="text" required />
            <br /><br />
            性      别:
            <input type="radio" name="sex" />男
            <input type="radio" name="sex" />女
```

```
        <br /><br />
        年      龄: <input type="number" value="19" />
        <br /><br />
        学      历:
        <input list="xueli" name="xueli" placeholder="请选择">
        <datalist id="xueli">
            <option value="大专">
            <option value="本科">
            <option value="硕士研究生">
            <option value="博士研究生">
            <option value="其他">
        </datalist>
        <br /><br />
        身份证号: <input type="text" required />
        <br /><br />
        手  机  号: <input type="text" required />
        <br /><br />
        电子邮箱: <input type="email" required />
        <br /><br />
        爱      好:
        <input type="checkbox" name="like" />音乐
        <input type="checkbox" name="like" />美术
        <input type="checkbox" name="like" />体育
        <br /><br />
        喜欢的颜色: <input type="color" value="#00FF00" />
        <br /><br />
        个性签名:
        <br /><br />
        <textarea rows="4" cols="34" maxlength="100" wrap="hard"
        placeholder="编辑个性签名"></textarea>
        <br /><br />
        <input type="submit" value="提交" />
          
        <input type="reset" value="重填" />
    </form>
  </body>
</html>
```

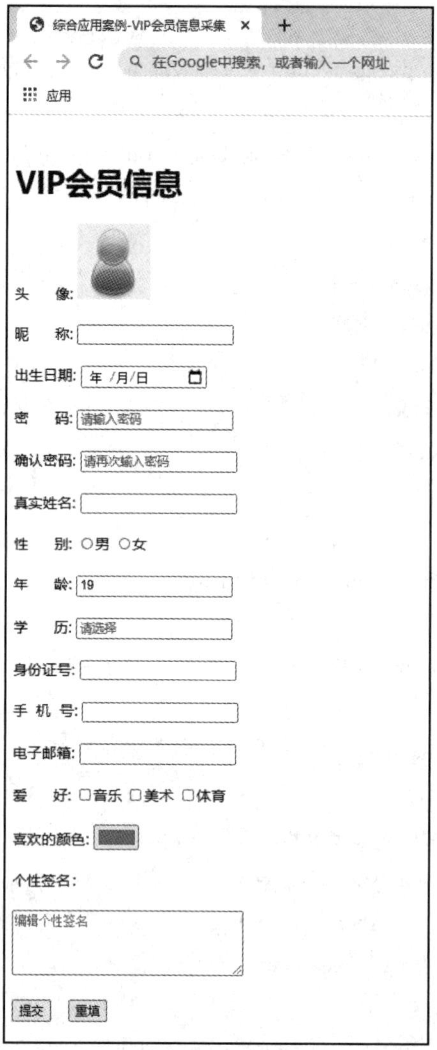

图 3-27　VIP 会员信息采集页面效果

本 章 小 结

本章介绍了 HTML5 表单 input 元素新增的功能类型和新增的 output 元素，以及 HTML5 表单元素新增的属性。通过案例，重点讲解了 input 元素新增功能类型和新增 output 元素的使用方法，以及 HTML5 表单元素新增属性的使用方法。

习 题 与 实 践

一、选择题

1. 在 HTML5 表单中，input 元素为(　　)类型时，可以生成颜色选择器。

A. text　　　　B. color　　　　C. email　　　　D. number

2. 在 HTML5 表单中，input 元素为(　　)类型时，可以生成拖动条。

A. text　　　　B. color　　　　C. range　　　　D. number

3. 在 HTML5 表单中，input 元素为(　　)类型时，可以生成只能输入数字的输入框。

A. text　　　　B. color　　　　C. email　　　　D. number

4. 在 HTML5 表单中，(　　)元素可以用来显示计算的结果或用户操作的结果。

A. input　　　　B. output　　　　C. result　　　　D. display

5. 在 HTML5 表单中，如果使用了(　　)属性，则表明该字段是必填项。

A. required　　　　B. novalidate　　　　C. autofocus　　　　D. autocomplete

二、简答题

1. 请列举 input 元素的 10 个不同类型，并说明其功能。

2. 请说明 HTML5 表单新增的 list 属性的功能与用法。

3. 请说明 HTML5 表单新增的 formaction、formmethod、formenctype、formtarget 属性各自的功能。

三、实践演练

参照图 3-28 所示效果，编写"学生社团报名信息填报"页面。

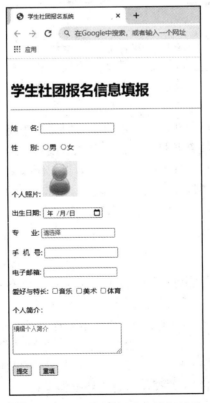

图 3-28　学生社团报名信息填报页面

CSS3 新增选择器

 学习目标

✦ 了解 CSS3 的新特性；
✦ 掌握 CSS3 的兄弟选择器、属性选择器；
✦ 掌握 CSS3 的伪类选择器、伪元素选择器；
✦ 能够正确使用 CSS3 新增的选择器。

CSS3 概述

4.1 CSS3 概述

CSS3 是 CSS(层叠样式表)技术的升级版本，于 1999 年开始制订。2001 年 5 月，W3C 完成了 CSS3 的工作草案，主要包括盒子模型、列表模块、超链接方式、语言模块、背景和边框、文字特效、多栏布局等模块。

CSS3(其标识如图 4-1 所示)在早期版本的 CSS 技术标准基础上，新增了一些特性，这些新特性包括圆角效果、图形化边界、块阴影与文字阴影、使用 RGBA 实现透明效果、渐变效果、使用@Font-Face 实现定制字体、多背景图、文字或图像的变形处理(旋转、缩放、倾斜、移动)、多栏布局、媒体查询等。

图 4-1　CSS3 的标识

4.1.1 CSS3 发展历程

为了使网页在视觉上可以达到更好的效果，W3C 负责 CSS 标准的制订和推动。至今，CSS 经历了 CSS1、CSS2、CSS2.1、CSS3 诸多版本的发展历程，CSS3 是正在进行中的标准。

1996 年 12 月，CSS1 正式推出。到了 1999 年 1 月，该推荐标准被重新修订。CSS1 中主要定义了颜色、字体、文本样式、外边距、边框、背景等最基本的样式。

1998 年 5 月，CSS2 正式推出，它定义了许多高级特性(例如浮动和定位)及一些高级的选择器(例如子选择器、相邻同胞选择器、通用选择器等)。

2004 年 2 月，CSS2.1 正式推出，它在 CSS2 的基础上略微做了改动，同时删除了浏览器厂商从未支持的功能。现代浏览器基本上都支持 CSS2.1，但是低于 IE8 的 IE 系列浏览器还存在一些遗留问题。

自 1998 年推出 CSS2 以来，此后的 10 多年间，CSS 基本没有太大变化。直到 2010 年，终于推出了全新的版本 CSS3。

CSS3 是 CSS 规范的最新版本，不过 CSS3 的标准化工作还在继续进行着。CSS3 从以往技术中吸收和借鉴了很多优点，并在 CSS2.1 的基础上增加了很多强大的功能，解决了一些现实的问题，如对圆角、多背景、阴影、动画等提供原生支持。由于 CSS3 结构相当庞大，因此它不再采用总体结构，而是采用分工协作的模块化结构。CSS3 被划分为多个模块，每个模块都可以独立发布和实现，这样做的好处是可以加快标准化的进程，避免因某个模块的小问题，而影响整个标准的完成进度。

4.1.2　浏览器对 CSS3 的支持

浏览器对 CSS3 的支持包括对 CSS3 选择器的支持和对 CSS3 属性的支持两个方面。

1. 浏览器对 CSS3 选择器的支持

除 IE9 以下的 IE 浏览器版本之外，其他主流浏览器已全部支持 CSS3 选择器特性。IE6 浏览器对 CSS3 选择器全部不支持，IE7 和 IE8 浏览器仅支持少部分功能。

2. 浏览器对 CSS3 属性的支持

IE9 和 IE10 支持绝大部分 CSS3 属性，Opera 也只有少数几个属性不支持，Safari、Chrome 和 Firefox 浏览器几乎支持全部的 CSS3 特性。

4.2　CSS3 兄弟选择器的应用

CSS3 新增的兄弟选择器与 CSS2 中的相邻兄弟选择器是不同的，其作用是：在第一个元素之后，所有的元素 2 都会被选择，并且这些元素和第一个元素拥有同一个父元素，两个元素之间不一定要相邻。

CSS3 兄弟选择器

兄弟选择器的语法格式如下：

元素 1～元素 2{property1:value1;property2:value2;property3:value3;…}

兄弟选择器的应用实例如例 4-1 所示，其效果如图 4-2 所示。

【例 4-1】　CSS3 兄弟选择器的应用实例(其代码见文件 chapter04_01.html)。

本例代码如下：

```html
<!DOCTYPE html>
<html>
    <head>
        <style>
            p~ul {
                background: #ff0000;
            }
        </style>
```

```
    </head>
    <body>
        <div>这是 div 元素</div>
        <ul>
            <li>橙汁</li>
            <li>咖啡</li>
            <li>牛奶</li>
        </ul>
        <p>这是 p 元素</p>
        <ul>
            <li>橙汁</li>
            <li>咖啡</li>
            <li>牛奶</li>
        </ul>
        <h2>这是二级标题</h2>
        <ul>
            <li>橙汁</li>
            <li>咖啡</li>
            <li>牛奶</li>
        </ul>
    </body>
</html>
```

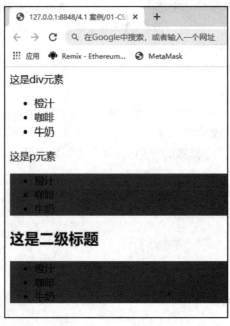

图 4-2　CSS3 兄弟选择器应用效果

4.3　CSS3 属性选择器的应用

CSS3 新增了三种属性选择器，其语法格式及功能如表 4-1 所示。

表 4-1　CSS3 新增的属性选择器

属性选择器	功　能　描　述
E{attribute^=value}	用于选取带有以指定值开头的属性值的元素
E{attribute$=value}	用于选取属性值以指定值结尾的元素
E{attribute*=value}	用于选取属性值中包含指定值的元素，位置不限

CSS3 属性选择器

属性选择器的应用实例如例 4-2 和例 4-3 所示，其效果如图 4-3 和图 4-4 所示。

【例 4-2】　CSS3 属性选择器的应用实例(其代码见文件 chapter04_02.html)。

本例代码如下：

```html
<!DOCTYPE html>
<html>
  <head>
    <meta charset="utf-8">
    <title>学习 CSS3 新增属性选择器</title>
    <style>
    input[type="text"]
    {
        width:150px;
        display:block;
        margin-bottom:10px;
        background-color:yellow;
    }
    input[type="submit"]
    {
        width:60px;
        margin-left:35px;
        display:block;
        background-color:green;
    }
    </style>
  </head>
  <body>
    <form name="input" action="demo-form.php" method="get">
      姓名:<input type="text" name="name" value="" size="20">
```

```
            住址:<input type="text" name="address" value="" size="20">
            <input type="submit" value="提交">
        </form>
    </body>
</html>
```

图 4-3　CSS3 属性选择器应用效果

【例 4-3】　CSS3 属性选择器的应用实例 2(其代码见文件 chapter04_03.html)。
本例代码如下:

```
<!DOCTYPE html>
<html>
    <head>
        <meta charset="utf-8">
        <title>学习 CSS3 新增属性选择器</title>
        <style>
            /*属性值为 a 的元素会被选择*/
            [title="a"] {
                color: red;
            }
            /*属性值为 b, 且 b 的前后只能有空格的元素会被选择*/
            [title~="b"] {
                color: yellow;
            }
                /*属性值为以 c 开头, 且 c 开头的只能为独立单词或后面跟连字符的元素会被选择*/
            [title|="cde"] {
                color: green;
            }
            /*属性值为以 d 开头的单词的元素会被选择*/
            [title^="def"] {
```

```
            color: springgreen;
        }
        /*属性值为以 z 结尾的单词的元素会被选择*/
        [title$="z"] {
            color: orange;
        }
                /*属性值包含 y 的元素会被选择*/
        [title*="y"] {
            color: blue;
        }
    </style>
</head>
<body>
    <h2>不同的属性选择器</h2>
    <h1 title="hello world">Hello world</h1>
    <p title="a">学习  CSS3</p>
    <p title=" b ">学习  CSS3</p>
    <p title="cde">学习  CSS3</p>
    <p title="def">学习  CSS3</p>
    <p title="mnz">学习  CSS3</p>
    <p title="xyz">学习  CSS3</p>
</body>
</html>
```

图 4-4　CSS3 属性选择器应用效果

4.4 CSS3 伪类选择器的应用

CSS3 新增了一系列伪类选择器，其语法格式及功能描述如表 4-2 所示。

表 4-2 CSS3 新增的伪类选择器

CSS3 伪类选择器

伪 类 名	功 能 描 述
:root	选择文档的根元素，在 HTML 文档中\<html\>是根元素
:last-child	向元素添加样式，并且该元素是其父元素的最后一个子元素
:nth-child(n)	向元素添加样式，并且该元素是其父元素的第 n 个子元素
:nth-last-child(n)	向元素添加样式，并且该元素是其父元素的倒数第 n 个子元素
:only-child	向元素添加样式，并且该元素是其父元素的唯一子元素
:first-of-type	向元素添加样式，并且该元素是同级同类型元素中的第一个元素
:last-of-type	向元素添加样式，并且该元素是同级同类型元素中的最后一个元素
:nth-of-type(n)	向元素添加样式，并且该元素是同级同类型元素中的第 n 个元素
:nth-last-of-type(n)	向元素添加样式，并且该元素是同级同类型元素中的倒数第 n 个元素
:only-of-type	向元素添加样式，并且该元素是同级同类型元素中的唯一元素
:empty	向没有子元素(包括文本内容)的元素添加样式

1. :root 伪类选择器的应用

:root 伪类选择器的应用实例如例 4-4 所示，其效果如图 4-5 所示。

【例 4-4】 :root 伪类选择器的应用实例(其代码见文件 chapter04_04.html)。

本例代码如下：

```
<!DOCTYPE html>
<html>
  <head>
    <meta charset="utf-8">
    <title>学习 CSS3 新增伪类选择器</title>
    <style>
      /*选中根元素，html 为根元素*/
      :root
      {
        background: #ff0000;
      }
    </style>
  </head>
```

```
    <body>
        <h1>学习 CSS3</h1>
    </body>
</html>
```

图 4-5　:root 伪类选择器应用效果

2. :last-child 伪类选择器的应用

:last-child 伪类选择器的应用实例如例 4-5 所示，其效果如图 4-6 所示。

【例 4-5】　:last-child 伪类选择器的应用实例(其代码见文件 chapter04_05.html)。

本例代码如下：

```
<!DOCTYPE html>
<html>
    <head>
        <meta charset="utf-8">
        <title>学习 CSS3 新增伪类选择器</title>
        <style>
            /*选中的元素是其父元素的最后一个子元素*/
            p:last-child {
                background: #ff0000;
            }
        </style>
    </head>
    <body>
        <p>这是第一个段落。</p>
        <p>这是第二个段落。</p>
        <p>这是第三个段落。</p>
        <p>这是第四个段落。</p>
    </body>
</html>
```

图 4-6　:last-child 伪类选择器应用效果

3. :nth-child(n)伪类选择器的应用

:nth-child(n)伪类选择器的应用实例如例 4-6 所示，其效果如图 4-7 所示。

【例 4-6】　:nth-child(n)伪类选择器的应用实例(其代码见文件 chapter04_06.html)。

本例代码如下：

```html
<!DOCTYPE html>
<html>
    <head>
        <meta charset="utf-8">
        <title>学习 CSS3 新增伪类选择器</title>
        <style>
            /*选中的元素是其父元素的第 n 个子元素，这里的 n 为 2*/
            p:nth-child(2) {
                background: #ff0000;
            }
        </style>
    </head>
    <body>
        <h1>这是一个标题</h1>
        <p>这是第一个段落。</p>
        <p>这是第二个段落。</p>
        <p>这是第三个段落。</p>
        <p>这是第四个段落。</p>
    </body>
</html>
```

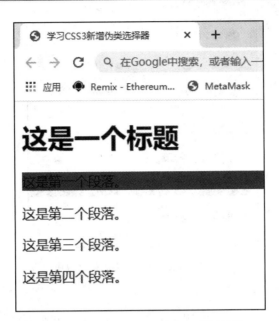

图 4-7　:nth-child(n)伪类选择器应用效果

4．:nth-last-child(n)伪类选择器的应用

:nth-last-child(n)伪类选择器的应用实例如例 4-7 所示，其效果如图 4-8 所示。

【例 4-7】　:nth-last-child(n)伪类选择器的应用实例(其代码见文件 chapter04_07.html)。

本例代码如下：

```
<!DOCTYPE html>
<html>
    <head>
        <meta charset="utf-8">
        <title>学习 CSS3 新增伪类选择器</title>
        <style>
            /*选中的元素是其父元素的倒数第 n 个子元素，这里 n 为 2*/
            p:nth-last-child(2) {
                background: #ff0000;
            }
        </style>
    </head>
    <body>
        <p>这是第一个段落。</p>
        <p>这是第二个段落。</p>
        <p>这是第三个段落。</p>
        <p>这是第四个段落。</p>
    </body>
</html>
```

图 4-8   :nth-last-child(n)伪类选择器应用效果

5. :only-child 伪类选择器的应用

:only-child 伪类选择器的应用实例如例 4-8 所示，其效果如图 4-9 所示。

【例 4-8】   :only-child 伪类选择器的应用实例(其代码见文件 chapter04_08.html)。

本例代码如下：

```html
<!DOCTYPE html>
<html>
    <head>
        <meta charset="utf-8">
        <title>学习 CSS3 新增伪类选择器</title>
        <style>
            /*选中的元素是其父元素下的唯一子元素*/
            p:only-child {
                background: #ff0000;
            }
        </style>
    </head>
    <body>
        <div>
            <p>学习 CSS3 新增伪类选择器</p>
        </div>
        <div>
            <p>学习 CSS3 新增伪类选择器</p>
            <p>学习 CSS3 新增伪类选择器</p>
        </div>
    </body>
</html>
```

图 4-9　:only-child 伪类选择器应用效果

6. :first-of-type 伪类选择器的应用

:first-of-type 伪类选择器的应用实例如例 4-9 所示，其效果如图 4-10 所示。

【例 4-9】　:first-of-type 伪类选择器的应用实例(其代码见文件 chapter04_09.html)。

本例代码如下：

```html
<!DOCTYPE html>
<html>
    <head>
        <meta charset="utf-8">
        <title>学习 CSS3 新增伪类选择器</title>
        <style>
            /*选中的元素是同级同类型元素中的第一个元素*/
            p:first-of-type {
                background: #ff0000;
            }
        </style>
    </head>
    <body>
        <h1>这是一个标题</h1>
        <p>这是第一个段落。</p>
        <p>这是第二个段落。</p>
        <p>这是第三个段落。</p>
        <p>这是第四个段落。</p>
    </body>
</html>
```

图 4-10   :first-of-type 伪类选择器应用效果

7. :last-of-type 伪类选择器的应用

:last-of-type 伪类选择器的应用实例如例 4-10 所示，其效果如图 4-11 所示。

【例 4-10】   :last-of-type 伪类选择器的应用实例(其代码见文件 chapter04_10.html)。
本例代码如下：

```
<!DOCTYPE html>
<html>
    <head>
        <meta charset="utf-8">
        <title>学习 CSS3 新增伪类选择器</</title>
        <style>
            /*选中的元素是同级同类型元素中的最后一个元素*/
            p:last-of-type {
                background: #ff0000;
            }
        </style>
    </head>
    <body>
        <h1>ABCDEFGHIJKLMN</h1>
        <p>0123456789ABCDEFG</p>
        <p>0123456789ABCDEFG</p>
        <p>0123456789ABCDEFG</p>
        <p>0123456789ABCDEFG</p>
    </body>
</html>
```

图 4-11　:last-of-type 伪类选择器应用效果

8．:nth-of-type(n)伪类选择器的应用

:nth-of-type(n)伪类选择器的应用实例如例 4-11 所示，其效果如图 4-12 所示。

【例 4-11】　:nth-of-type(n)伪类选择器的应用实例(其代码见文件 chapter04_11.html)。

本例代码如下：

```html
<!DOCTYPE html>
<html>
    <head>
        <meta charset="utf-8">
        <title>学习 CSS3 新增伪类选择器</title>
        <style>
            /*选中的元素是同级同类型元素中的第 n 个元素*/
            p:nth-of-type(2) {
                background: #ff0000;
            }
        </style>
    </head>
    <body>
        <h1>ABCDEFGHIJKLMN</h1>
        <p>0123456789ABCDEFG</p>
        <p>0123456789ABCDEFG</p>
        <p>0123456789ABCDEFG</p>
        <p>0123456789ABCDEFG</p>
    </body>
</html>
```

图 4-12　:nth-of-type(n)伪类选择器应用效果

9. :nth-last-of-type(n)伪类选择器的应用

:nth-last-of-type(n)伪类选择器的应用实例如例 4-12 所示，其效果如图 4-13 所示。

【例 4-12】　:nth-last-of-type(n)伪类选择器的应用实例(其代码见文件 chapter04_12.html)。

本例代码如下：

```html
<!DOCTYPE html>
<html>
    <head>
        <meta charset="utf-8">
        <title>学习 CSS3 新增伪类选择器</title>
        <style>
            /*选中的元素是同级同类型元素中的倒数第 n 个元素*/
            p:nth-last-of-type(2) {
                background: #ff0000;
            }
        </style>
    </head>
    <body>
        <h1>ABCDEFGHIJKLMN</h1>
        <p>0123456789ABCDEFG</p>
        <p>0123456789ABCDEFG</p>
        <p>0123456789ABCDEFG</p>
        <p>0123456789ABCDEFG</p>
    </body>
</html>
```

图 4-13　:nth-last-of-type(n)伪类选择器应用效果

10.　:only-of-type 伪类选择器的应用

:only-of-type 伪类选择器的应用实例如例 4-13 所示，其效果如图 4-14 所示。

【例 4-13】　:only-of-type 伪类选择器的应用实例(其代码见文件 chapter04_13.html)。

本例代码如下：

```
<!DOCTYPE html>
<html>
    <head>
        <meta charset="utf-8">
        <title>学习 CSS3 新增伪类选择器</title>
        <style>
            /*选中的元素是同级同类型元素中的唯一元素*/
            p:only-of-type {
                background: #ff0000;
            }
        </style>
    </head>
    <body>
        <div>
            <p>ABCDEFGHIJKLMN</p>
        </div>
        <div>
            <p>ABCDEFGHIJKLMN012345</p>
            <p>ABCDEFGHIJKLMN012345</p>
```

```
        </div>
    </body>
</html>
```

图 4-14   :only-of-type 伪类选择器应用效果

11. :empty 伪类选择器的应用

:empty 伪类选择器的应用实例如例 4-14 所示，其效果如图 4-15 所示。

【例 4-14】   :empty 伪类选择器的应用实例(其代码见文件 chapter04_14.html)。

本例代码如下：

```
<!DOCTYPE html>
<html>
    <head>
        <meta charset="utf-8">
        <title>学习 CSS3 新增伪类选择器</title>
        <style>
            /*选中没有子元素或文本内容的元素*/
            p:empty {
                width: 100px;
                height: 20px;
                background: #ff0000;
            }
        </style>
    </head>
    <body>
        <p></p>
        <p>ABCDEFGHIJKLMN</p>
        <p>0123456789</p>
    </body>
</html>
```

图 4-15 :empty 伪类选择器应用效果

4.5 CSS3 伪元素选择器的应用

CSS3 新增了一系列伪元素选择器，其语法格式及功能描述如表 4-3 所示。

表 4-3 CSS3 新增的伪元素选择器

伪元素名	功 能 描 述
:enabled	向当前处于可用状态的元素添加样式，常用于定义表单或超链接样式
:disabled	向当前处于不可用状态的元素添加样式，常用于定义表单或超链接样式
:checked	向当前处于选中状态的元素添加样式
:not(selector)	向不是 selector 元素的元素添加样式
:target	向正在访问的锚点目标元素添加样式
::selection	向用户当前选取内容所在的元素添加样式

1. :enabled 和:disabled 伪元素选择器的应用

:enabled 和:disabled 伪元素选择器的应用实例如例 4-15 所示，其效果如图 4-16 所示。

【例 4-15】 :enabled 和:disabled 伪元素选择器的应用实例(其代码见文件 chapter04_15.html)。

本例代码如下：

```
<!DOCTYPE html>
<html>
  <head>
    <meta charset="utf-8">
    <title>学习 CSS3 新增伪元素选择器</title>
    <style>
      /*为当前处于可用状态的元素添加样式*/
      input[type="text"]:enabled
      {
```

```
            background:#ffff00;
        }
        /*为当前处于不可用状态的元素添加样式*/
        input[type="text"]:disabled
        {
            background:#00ff00;
        }
    </style>
</head>
<body>
    <form action="">
        姓名: <input type="text" value="李明" /><br>
        住址: <input type="text" value="上海市" /><br>
        个人简介: <input type="text" disabled="disabled" value="喜欢音乐" /><br>
    </form>
</body>
</html>
```

图 4-16   :enabled 和:disabled 伪元素选择器应用效果

2. :checked 伪元素选择器的应用

:checked 伪元素选择器的应用实例如例 4-16 所示,其效果如图 4-17 所示。

【例 4-16】   :checked 伪元素选择器的应用实例(其代码见文件 chapter04_16.html)。
本例代码如下:

```
<!DOCTYPE html>
<html>
    <head>
        <meta charset="utf-8">
        <title>学习 CSS 新增伪元素选择器</title>
        <style>
            /*为当前处于选中状态的元素添加样式*/
```

```
                input:checked {
                height: 100px;
                width: 100px;
                }
            </style>
        </head>
        <body>
            <form action="">
                <input type="radio" checked="checked" value="male" name="gender" /> Male
                <input type="radio" value="female" name="gender" /> Female<br>
                <input type="checkbox" checked="checked" value="Plane" /> I have a plane
                <input type="checkbox" value="Car" /> I have a car
            </form>
        </body>
    </html>
```

图 4-17　:checked 伪元素选择器应用效果

3. :not(selector)伪元素选择器的应用

:not(selector)伪元素选择器的应用实例如例 4-17 所示，其效果如图 4-18 所示。

【例 4-17】　:not(selector)伪元素选择器的应用实例(其代码见文件 chapter04_17.html)。
本例代码如下：

```
    <!DOCTYPE html>
    <html>
        <head>
            <meta charset="utf-8">
            <title>学习 CSS3 新增伪元素选择器</title>
            <style>
```

```
                 p {
                   color: #000000;
                 }
                        /*为不是 selection 的元素添加样式*/
                 :not(p) {
                   color: #ff0000;
                 }
            </style>
         </head>
         <body>
            <h1>ABCDEFGHIJKLMN</h1>
            <p>ABCDEFG123456</p>
            <p>ABCDEFG123456</p>
            <div>ABCDEFGHIJKLMN</div>
            <a href="//www.baidu.com/" target="_blank">OPEN BAIDU</a>
         </body>
      </html>
```

图 4-18   :not(selector)伪元素选择器应用效果

4. :target 伪元素选择器的应用

:target 伪元素选择器的应用实例如例 4-18 所示，其效果如图 4-19 所示。

【例 4-18】   :target 伪元素选择器的应用实例(其代码见文件 chapter04_18.html)。

本例代码如下：

```
<!DOCTYPE html>
<html>
   <head>
      <meta charset="utf-8">
```

```
    <title>学习 CSS3 新增伪元素选择器</title>
    <style>
        /*为正在访问的锚点目标元素添加样式*/
        :target {
            border: 2px solid #D4D4D4;
            background-color: #00ff00;
        }
    </style>
</head>
<body>
    <h1>ABCDEFG</h1>
    <p><a href="#content1">Jump to content 01</a></p>
    <p><a href="#content2">Jump to content 02</a></p>
    <h6>ABCDEFG</h6>
    <h6>ABCDEFG</h6>
    <h6>ABCDEFG</h6>
    <p id="content1">content 01...</p>
    <p id="content2">content 02...</p>
</body>
</html>
```

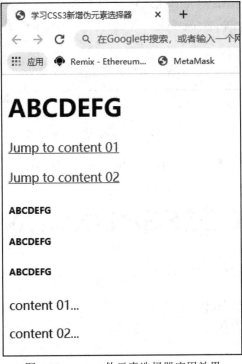

图 4-19　:target 伪元素选择器应用效果

5. ::selection 伪元素选择器的应用

::selection 伪元素选择器的应用实例如例 4-19 所示，其效果如图 4-20 所示。

【例 4-19】　::selection 伪元素选择器的应用实例(其代码见文件 chapter04_19.html)。

本例代码如下：

```html
<!DOCTYPE html>
<html>
  <head>
    <style type="text/css">
      /*为用户当前选取内容所在元素添加样式*/
      ::selection {
        color: #ff0000;
      }
      ::-moz-selection {
        color: #ff0000;
      }
    </style>
  </head>
  <body>
    <h1>ABCDEFGHIJKLMN</h1>
    <p>ABCDEFG0123456</p>
    <div>ABCDEFGHIJKLMN</div>
    <a href="//www.baidu.com/" target="_blank">OPEN BAIDU</a>
  </body>
</html>
```

图 4-20　::selection 伪元素选择器应用效果

4.6　综　合　案　例

下面通过"诗歌《雨巷》"综合案例，来进一步深入理解和掌握本章涉及的知识点与技术点。本案例的重点内容是 CSS3 新增选择器的使用，页面中的文本内容节选自现代诗《雨巷》，该诗的每一行均被不同的选择器选中，从而被样式表修饰为不同的底色。案例代码如例 4-20 所示，页面效果如图 4-21 所示。

【例 4-20】　综合案例(其代码见文件 chapter04_20.html)。

本例代码如下：

```
<!DOCTYPE html>
<html>
<head>
    <meta charset="UTF-8">
    <title>CSS3 新增选择器综合案例</title>
    <style>
        /*选中根元素，html 为根元素*/
        :root{
            background: #ACACAC;
        }
        /*选中的元素是其父元素的最后一个子元素*/
        p:last-child{
            background: #CDD1CC;
        }
        /*选中的元素是其父元素的第 n 个子元素，这里的 n 为 3*/
        p:nth-child(3) {
            background: #C2DDC8;
        }
        /*选中的元素是其父元素的倒数第 n 个子元素，这里 n 为 2*/
        p:nth-last-child(2) {
            background: #99BFB3;
        }
        /*选中的元素是同级同类型元素中的第一个元素*/
        p:first-of-type {
            background: #D94C1A;
        }
        /*选中的元素是同级同类型元素中的第 n 个元素*/
        p:nth-of-type(3) {
            background: #60371E;
```

```css
            color: #99BFB3;
        }
        p:nth-of-type(9) {
            background: #60371E;
            color: #99BFB3;
        }
        /*选中的元素是同级同类型元素中的倒数第 n 个元素*/
        p:nth-last-of-type(3) {
          background: #D1BF91;
    }
        p:nth-last-of-type(4) {
            background: #D1BF91;
        }
        /*选中的元素是同级同类型元素中的唯一元素*/
        span:only-of-type {
            background: #C7C8C4;
        }
        /* 用于选取带有指定属性值的元素  */
        p[title="row4row4"]{
            background-color: thistle;
        }
        p[title^="row6"]{
            background-color: tomato;
        }
        p[title$="row7"]{
            background-color: wheat;
        }
        p[title*="ow8"]{
            background-color: antiquewhite;
        }
        /*为用户当前选取内容所在元素添加样式*/
        ::selection {
            color: yellow;
        }
        ::-moz-selection {
            color: yellow;
        }
    </style>
</head>
```

```
<body>
    <h2>雨巷(节选)</h2>
    <p>戴望舒</p>
    <p>撑着油纸伞，独自</p>
    <p>彷徨在悠长、悠长</p>
    <p title="row4row4">又寂寥的雨巷</p>
    <p><span>我希望逢着</span></p>
    <p title="row6row6">一个丁香一样的</p>
    <p title="row7row7">结着愁怨的姑娘</p>
    <p title="row8row8">她是有</p>
    <p>丁香一样的颜色</p>
    <p>丁香一样的芬芳</p>
    <p>丁香一样的忧愁</p>
    <p>在雨中哀怨</p>
    <p>哀怨又彷徨</p>
</body>
</html>
```

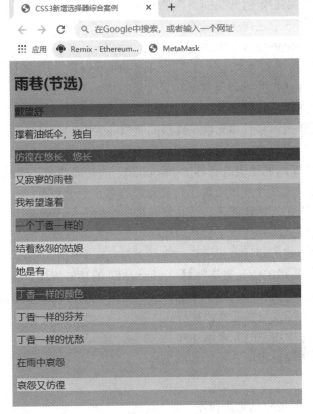

图 4-21　诗歌《雨巷》页面效果

本 章 小 结

本章介绍了 CSS3 新增的兄弟选择器、属性选择器、伪类选择器和伪元素选择器。通过案例重点讲解了兄弟选择器、属性选择器、伪类选择器、伪元素选择器的使用方法。

习 题 与 实 践

一、选择题

1. 下面对 CSS3 新增的属性选择器 "E{attribute^=value}" 的功能描述正确的是(　　)。

A. 用于选取属性值以指定值结尾的元素

B. 用于选取带有以指定值开头的属性值的元素

C. 用于选取属性值中包含指定值的元素

D. 用于选取属性值中包含指定字符的元素

2. 下面对 CSS3 新增的属性选择器 "E{attribute*=value}" 的功能描述正确的是(　　)。

A. 用于选取属性值以指定值结尾的元素

B. 用于选取带有以指定值开头的属性值的元素

C. 用于选取属性值中包含指定值的元素

D. 用于选取属性值中包含指定字符的元素

3. 下面对 CSS3 新增的伪类选择器 ":nth-last-of-type(n)" 的功能描述正确的是(　　)。

A. 向元素添加样式，并且该元素是其父元素的第 n 个子元素

B. 向元素添加样式，并且该元素是同级同类型元素中的倒数第 n 个元素

C. 向元素添加样式，并且该元素是同级同类型元素中的最后一个元素

D. 向元素添加样式，并且该元素是同级同类型元素中的唯一元素

4. 下面对 CSS3 新增的伪类选择器 ":last-child" 的功能描述正确的是(　　)。

A. 向元素添加样式，并且该元素是其父元素的第 n 个子元素

B. 向元素添加样式，并且该元素是其父元素的最后一个子元素

C. 向元素添加样式，并且该元素是同级同类型元素中的最后一个元素

D. 向元素添加样式，并且该元素是同级同类型元素中的唯一元素

5. 下面对 CSS3 新增的伪元素选择器 ":checked" 的功能描述正确的是(　　)。

A. 向当前处于不可用状态的元素添加样式，常用于定义表单或超链接样式

B. 向正在访问的锚点目标元素添加样式

C. 向当前处于选中状态的元素添加样式

D. 向用户当前选取内容所在的元素添加样式

二、简答题

1. 请列举 CSS3 新增的兄弟选择器。

2. 请列举 CSS3 新增的属性选择器。

3. 请列举 CSS3 新增的伪元素选择器。

三、实践演练

参照图 4-22 所示的效果，编写"宋词《念奴娇·赤壁怀古》"页面。

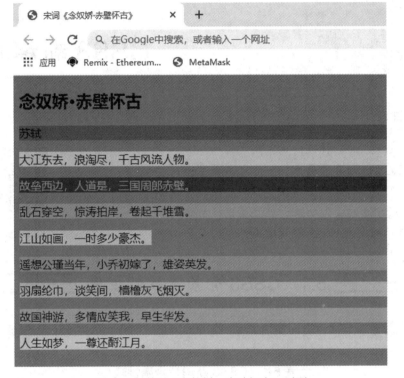

图 4-22　宋词《念奴娇·赤壁怀古》页面

CSS3 新增属性

学习目标

- → 了解 CSS3 的新特性;
- → 掌握 CSS3 的背景属性、字体文本属性;
- → 掌握 CSS3 的盒模型属性、多列属性;
- → 掌握 CSS3 的变形属性、过渡属性、动画属性;
- → 能够正确使用 CSS3 的新增属性。

CSS3 背景属性

5.1 CSS3 背景属性的应用

CSS3 在背景设置属性方面新增了 background-clip、background-origin、background-size 属性,见表 5-1。

表 5-1 CSS3 新增背景属性表

属 性	功能描述	属 性 值
background-clip	设置背景覆盖范围	border-box/padding-box/content-box
background-origin	设置背景覆盖的起点	border-box/padding-box/content-box
background-size	设置背景的大小	cover/contain/长度/百分比

5.1.1 background-clip 属性

background-clip 属性的作用是设置背景覆盖范围,其属性值可以是 border-box、padding-box、content-box。当属性值为 border-box 时,背景显示区域到达边框。当属性值为 padding-box 时,背景显示区域到达内边距框。当属性值为 content-box 时,背景显示区域到达内容框。该属性的应用实例如例 5-1 所示,其效果如图 5-1 所示。

【例 5-1】 background-clip 属性应用实例(其代码见文件 chapter05_01.html)。

本例代码如下:

```
<!DOCTYPE html>
<html>
    <head>
        <meta charset="utf-8">
```

```
<title>学习 CSS3 新增背景属性</title>
<style>
    /*background-clip 属性的作用：设置背景覆盖范围，有三个属性值*/
    #bg1 {
        border: 10px dotted royalblue;
        padding: 30px;
        background: yellow;
        background-clip: border-box;
        /*背景显示区域到边框*/
    }

    #bg2 {
        border: 10px dotted royalblue;
        padding: 30px;
        background: yellow;
        background-clip: padding-box;
        /*背景显示区域到内边距框*/
    }

    #bg3 {
        border: 10px dotted royalblue;
        padding: 30px;
        background: yellow;
        background-clip: content-box;
        /*背景显示区域到内容框*/
    }
</style>
</head>
<body>


<p>背景显示区域到边框(border-box)</p>
<div id="bg1">
    <h2>水调歌头·明月几时有</h2>
    <p>明月几时有？把酒问青天。不知天上宫阙，今夕是何年。我欲乘风归去，又恐琼
楼玉宇，高处不胜寒。起舞弄清影，何似在人间。

    转朱阁，低绮户，照无眠。不应有恨，何事长向别时圆？人有悲欢离合，月有阴晴
    圆缺，此事古难全。但愿人长久，千里共婵娟。</p>
</div>
```

```
<p>背景显示区域到内边距框(padding-box)</p>
<div id="bg2">
    <h2>水调歌头·明月几时有</h2>
    <p>明月几时有？把酒问青天。不知天上宫阙，今夕是何年。我欲乘风归去，又恐琼
楼玉宇，高处不胜寒。起舞弄清影，何似在人间。

        转朱阁，低绮户，照无眠。不应有恨，何事长向别时圆？人有悲欢离合，月有阴晴
    圆缺，此事古难全。但愿人长久，千里共婵娟。</p>
</div>


<p>背景显示区域到内容框(content-box)</p>
<div id="bg3">
    <h2>水调歌头·明月几时有</h2>
    <p>明月几时有？把酒问青天。不知天上宫阙，今夕是何年。我欲乘风归去，又恐琼
楼玉宇，高处不胜寒。起舞弄清影，何似在人间。

        转朱阁，低绮户，照无眠。不应有恨，何事长向别时圆？人有悲欢离合，月有阴晴
    圆缺，此事古难全。但愿人长久，千里共婵娟。</p>
</div>


    </body>
</html>
```

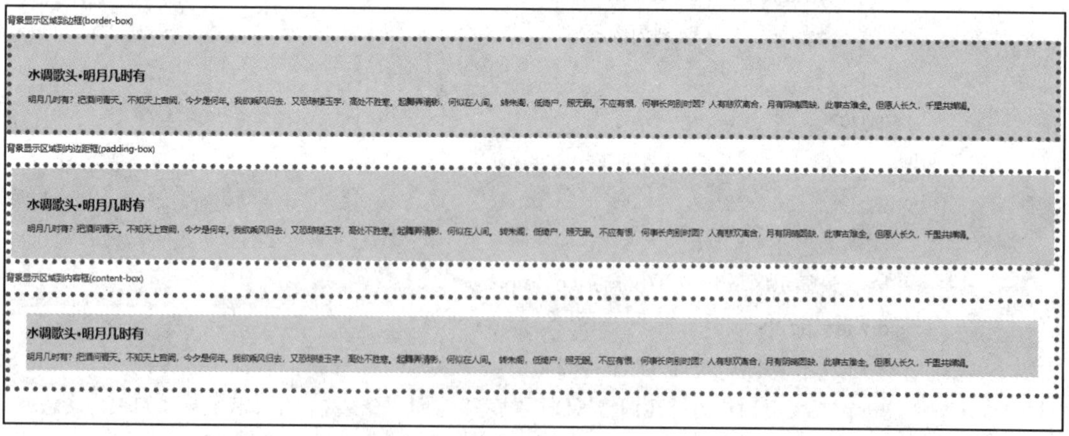

图 5-1 background-clip 属性应用效果

5.1.2 background-origin 属性

background-origin 属性的作用是设置背景覆盖的起点，其属性值可以是 border-box、

padding-box、content-box。当属性值为 border-box 时，背景覆盖的起点在边框的左上角。当属性值为 padding-box 时，背景覆盖的起点在内边距框的左上角。当属性值为 content-box 时，背景覆盖的起点在内容框的左上角。该属性的应用实例如例 5-2 所示，其效果如图 5-2 所示。

【例 5-2】　background-origin 属性应用实例(其代码见文件 chapter05_02.html)。

本例代码如下：

```html
<!DOCTYPE html>
<html>
    <head>
        <meta charset="utf-8">
        <title>学习 CSS3 新增背景属性</title>
        <style>
            div {
                color: #FFFF00;
                border: 5px solid royalblue;
                padding: 50px;
                background-image: url('picture.jpg');
                background-repeat: no-repeat;
                background-position: left;
            }
                    /*background-origin 属性的作用：设置背景覆盖的起点，有三个属性值*/
            #div1 {
                background-origin: border-box;          /*背景起点在边框的左上角*/
            }

            #div2 {
                background-origin: padding-box;         /*背景起点在内边距框的左上角*/
            }

            #div3 {
                background-origin: content-box;         /*背景起点在内容框的左上角*/
            }
        </style>
    </head>
    <body>

        <p>背景起点在边框的左上角</p>
        <div id="div1">
            明月几时有？把酒问青天。不知天上宫阙，今夕是何年。我欲乘风归去，又恐琼楼玉
```

字，高处不胜寒。起舞弄清影，何似在人间。

转朱阁，低绮户，照无眠。不应有恨，何事长向别时圆？人有悲欢离合，月有阴晴圆
缺，此事古难全。但愿人长久，千里共婵娟。
</div>

<p>背景起点在内边距框的左上角</p>
<div id="div2">
明月几时有？把酒问青天。不知天上宫阙，今夕是何年。我欲乘风归去，又恐琼楼玉
宇，高处不胜寒。起舞弄清影，何似在人间。

转朱阁，低绮户，照无眠。不应有恨，何事长向别时圆？人有悲欢离合，月有阴晴圆
缺，此事古难全。但愿人长久，千里共婵娟。
</div>

<p>背景起点在内容框的左上角</p>
<div id="div3">
明月几时有？把酒问青天。不知天上宫阙，今夕是何年。我欲乘风归去，又恐琼楼玉
宇，高处不胜寒。起舞弄清影，何似在人间。

转朱阁，低绮户，照无眠。不应有恨，何事长向别时圆？人有悲欢离合，月有阴晴圆
缺，此事古难全。但愿人长久，千里共婵娟。
</div>
</body>
</html>

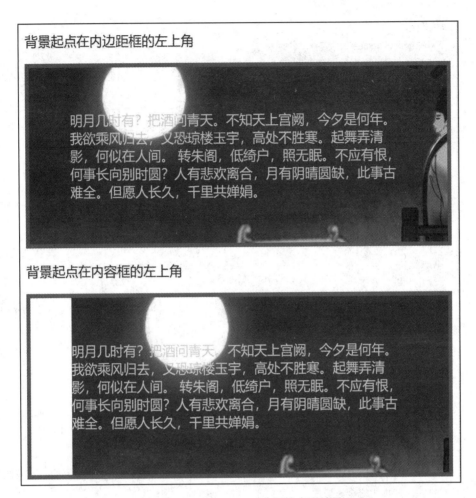

图 5-2　background-origin 属性应用效果

5.1.3　background-size 属性

background-size 属性的作用是设置背景的大小，其属性值可以是 cover、contain、长度、百分比。当属性值为 cover 时，在保持图像的纵横比的前提下，将图像缩放成能完全覆盖背景区域的最小尺度。当属性值为 contain 时，在保持图像的纵横比的前提下，将图像缩放成适合背景区域的最大尺度。当属性值为长度时，可以设置背景图片宽度和高度，其中第一个值设置宽度，第二个值设置高度；如果只给出一个值，则第二个值设置为 auto。当属性值为百分比时，将设置为相对于背景区域的百分比，其中第一个值设置宽度，第二个值设置高度；如果只给出一个值，则第二个值设置为 auto。该属性的应用实例如例 5-3 所示，其效果如图 5-3 所示。

【例 5-3】　background-size 属性应用实例(其代码见文件 chapter05_03.html)。

本例代码如下：

```
<!DOCTYPE html>

<html>
```

```html
<head>
    <meta charset="utf-8">
    <title>学习 CSS3 新增背景属性</title>
    <style>
        /*background-size 属性的作用：设置背景大小*/
        #p1{
            color: #FFFF00;
            background: url(picture.jpg);
            background-size: 600px 300px;
            background-repeat: no-repeat;
            padding-top: 40px;
        }
        #p2{
            color: #000000;
        }
    </style>
</head>
<body>
    <p id="p1">
        明月几时有？把酒问青天。不知天上宫阙，今夕是何年。我欲乘风归去，又恐琼楼玉
        宇，高处不胜寒。起舞弄清影，何似在人间。
        转朱阁，低绮户，照无眠。不应有恨，何事长向别时圆？人有悲欢离合，月有阴晴圆
        缺，此事古难全。但愿人长久，千里共婵娟。
    </p>
    <br />
    <br />
    <br />
    <br />
    <br />
    <br />
    <br />
    <p id="p2">原始图片:
        <br />
        <img src="picture.jpg" alt="moon" width="300" height="200">
    </p>

</body>
</html>
```

图 5-3　background-size 属性应用效果　　　　　　　
CSS3 字体文本属性

5.2　CSS3 字体文本属性的应用

　　为了增加页面文字的美观度，CSS3 新增了支持对服务器端字体支持的属性和文本属性。文本属性包括 text-overflow、word-break、word-wrap 属性，见表 5-2。

表 5-2　CSS3 新增文本属性

属　　　性	功能描述	属　性　值
text-overflow	设置当文本溢出元素框时的处理方式	clip/ellipsis
word-break	规定自动换行的方式	normal/break-all/keep-all
word-wrap	规定单词的换行方式	normal/break-word

5.2.1　使用服务器字体的属性

　　在 CSS3 支持使用服务器字体之前，Web 开发者只能使用客户端的本地字体，而且还需要编制一个字体使用的优先级列表。即便如此，有时也会遇到客户端计算机上任何一种字体都没有的情况。为了改善这种支持不良的状况，CSS3 增加了使用服务器字体的属性，支持的字体文件包括 ttf 和 otf 两种格式。

服务器字体属性的基本格式如下：

```
@font-face{
    font-family:字体名称;
    src:url(字体文件 url),local(该字体在本地的名称);
}
```

浏览器在解析网页代码的过程中，遇到字体名称时，会首先在客户端计算机上寻找该字体，如果找不到，才会使用服务器端的相应字体。

5.2.2 text-overflow 属性

text-overflow 属性的作用是设置当文本溢出元素框时的处理方式，其属性值可以是 clip、ellipsis。当属性值为 clip 时，直接将溢出元素框的文本裁剪掉。当属性值为 ellipsis 时，则使用省略号来代替被裁剪掉的文本。该属性的应用实例如例 5-4 所示，其效果如图 5-4 所示。

【例 5-4】 text-overflow 属性应用实例(其代码见文件 chapter05_04.html)。

本例代码如下：

```
<!DOCTYPE html>
<html>
    <head>
        <meta charset="utf-8">
        <title>学习 CSS3 新增字体文本属性</title>
        <style>
            div.text {
                white-space: nowrap;
                width: 20em;
                overflow: hidden;
                border: 1px solid #000000;
            }
        </style>
    </head>
    <body>

        <p>下列 div 元素中的文本无法完全显示，可以知道它被裁剪了</p>
        <p>div 使用 &quot;text-overflow:ellipsis&quot;</p>

            <!--text-overflow:ellipsis 功能：显示省略号，用来代替被裁剪的文本-->
        <div class="text" style="text-overflow:ellipsis;">明月几时有？把酒问青天。不知天上宫阙，今夕是何年。</div>
```

```
        <p>div 使用 &quot;text-overflow:clip&quot;</p>


        <!--text-overflow:clip 功能：裁剪文本内容-->
        <div class="text" style="text-overflow:clip;">明月几时有？把酒问青天。不知天上宫阙，今
    夕是何年。</div>


    </body>
</html>
```

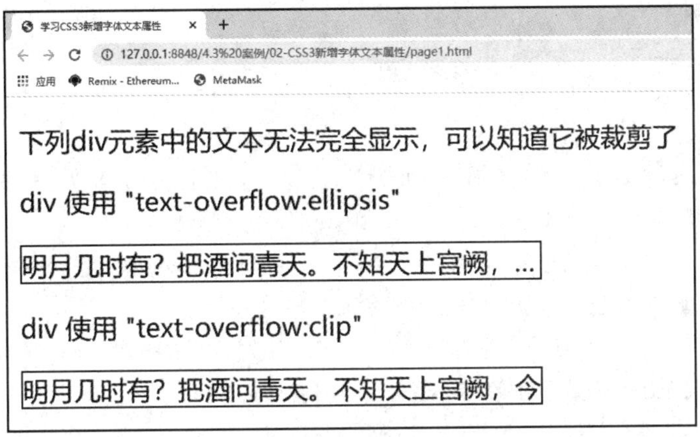

下列div元素中的文本无法完全显示，可以知道它被裁剪了

div 使用 "text-overflow:ellipsis"

明月几时有？把酒问青天。不知天上宫阙，...

div 使用 "text-overflow:clip"

明月几时有？把酒问青天。不知天上宫阙，今

图 5-4　text-overflow 属性应用效果

5.2.3　word-break 属性

word-break 属性的作用是规定文本自动换行的方式，其属性值可以是 normal、break-all、keep-all。当属性值为 normal 时，使用浏览器默认的换行规则。当属性值为 break-all 时，允许文本在单词内换行。当属性值为 keep-all 时，只允许文本在半角空格或连字符处换行。该属性的应用实例如例 5-5 所示，其效果如图 5-5 所示。

【例 5-5】　word-break 属性应用实例(其代码见文件 chapter05_05.html)。

本例代码如下：

```
<!DOCTYPE html>
<html>
    <head>
        <meta charset="utf-8">
        <title>学习 CSS3 新增字体文本属性</title>
        <style>
            /*规定自动换行方式*/
            p.test1 {
                width: 9em;
                border: 1px solid #000000;
                word-break: keep-all;        /*只能在半角空格或者连字符处换行*/
```

```
            }

            /*规定自动换行方式*/
            p.test2 {
                width: 9em;
                border: 1px solid #000000;
                word-break: break-all;      /*允许在单词内换行*/
            }
        </style>
    </head>
    <body>

        <p class="test1"> 明月几时有？把酒问青天。不知天上宫阙，今夕是何年。我欲乘风归去，
        又恐琼楼玉宇，高处不胜寒。起舞弄清影，何似在人间。
            转朱阁，低绮户，照无眠。不应有恨，何事长向别时圆？人有悲欢离合，月有阴晴圆
        缺，此事古难全。但愿人长久，千里共婵娟。</p>
        <p class="test2">明月几时有？把酒问青天。不知天上宫阙，今夕是何年。我欲乘风归去，
        又恐琼楼玉宇，高处不胜寒。起舞弄清影，何似在人间。
            转朱阁，低绮户，照无眠。不应有恨，何事长向别时圆？人有悲欢离合，月有阴晴圆
        缺，此事古难全。但愿人长久，千里共婵娟。</p>


    </body>
</html>
```

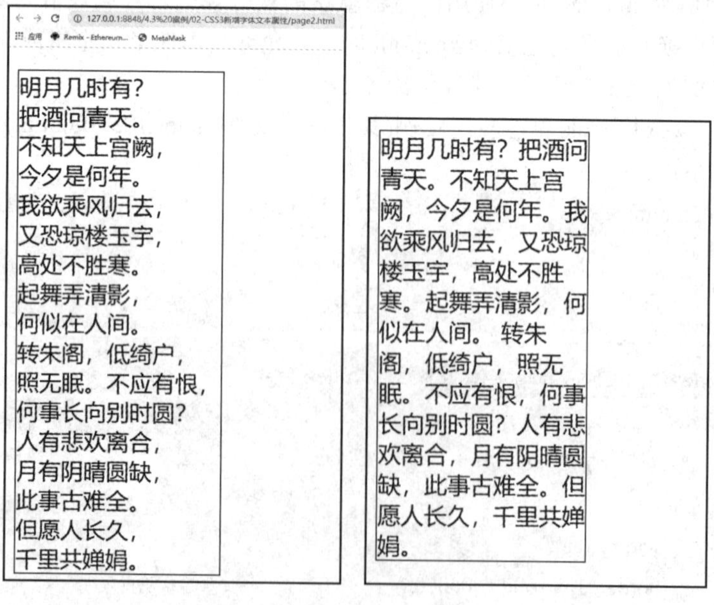

图 5-5　word-break 属性应用效果

5.2.4　word-wrap 属性

word-wrap 属性的作用是规定单词的换行方式，也就是长单词是否允许换行显示，其属性值可以是 normal、break-word。当属性值为 normal 时，表示只在允许的断字点换行。当属性值为 break-word 时，表示可以在长单词的中间或者 URL 地址的内部换行。该属性的应用实例如例 5-6 所示，其效果如图 5-6 所示。

【例 5-6】　word-wrap 属性应用实例(其代码见文件 chapter05_06.html)。

本例代码如下：

```html
<!DOCTYPE html>
<html>
  <head>
    <meta charset="utf-8">
    <title>学习 CSS3 新增字体文本属性</title>
    <style>
      p.text1 {
        border: 1px solid #000000;
      }
      /*规定单词的换行方式*/
      p.text2 {
        width: 15em;
        border: 1px solid #000000;
        text-wrap: normal;
      }
    </style>
  </head>
  <body>
    <p class="text1">这段包含文本。这一行的文字不会换行到下行。</p>
    <p class="text2"> 这段包含文本。这一行的文字正常换行。http://www.baidu.com</p>
  </body>
</html>
```

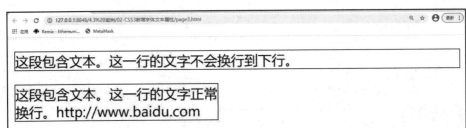

图 5-6　word-wrap 属性应用效果

5.3 CSS3 盒模型属性的应用

盒模型是 Web 前端技术的一项重要内容。所有的 HTML 元素都可以看作盒子，而在 CSS 中，使用相应的属性来完成基于盒模型设计和布局。因此，盒模型的应用本质上属于 CSS 技术范畴，它封装 HTML 元素，包括 Margin(外边距)、Border(边框)、Padding(内边距)、Content(内容)四个部分。CSS3 在盒模型方面新增了一些属性，丰富了盒模型的表现效果，见表 5-3。

CSS3 盒模型属性

表 5-3　CSS3 新增的盒模型属性

属　性	功能描述	属　性　值
border-top-left-radius	设置左上角圆角边框	长度/百分比
border-top-right-radius	设置右上角圆角边框	长度/百分比
border-bottom-left-radius	设置左下角圆角边框	长度/百分比
border-bottom-right-radius	设置右下角圆角边框	长度/百分比
border-radius	设置四个角圆角边框	长度/百分比
box-shadow	设置一个或多个阴影	h-shadow/v-shadow/blur/spread/color/inset
resize	设置元素是否可以由用户调整其尺寸	none/both/horizontal/vertical
outline-offset	设置轮廓的偏移量	长度

5.3.1　设置圆角边框属性

CSS3 新增了 border-top-left-radius、border-top-right-radius、border-bottom-left-radius、border-bottom-right-radius、border-radius 五个设置圆角边框效果的属性，它们分别可以实现对盒模型的左上角、右上角、左下角、右下角、四个角设置圆角状态。其属性值可以是长度、百分比。长度或者百分比的值越大，代表圆角对应的弧度半径越大，从视觉上可以看出圆角更加明显。该属性的应用实例如例 5-7 所示，其效果如图 5-7 所示。

【例 5-7】　设置圆角边框属性应用实例(其代码见文件 chapter05_07.html)。

本例代码如下：

```
<!DOCTYPE html>
<html>
    <head>
        <meta charset="utf-8">
        <title>学习 CSS3 新增盒模型属性</title>
        <style>
            /*border-radius 属性：设置圆角效果*/
```

```
        #box1 {
            border-radius: 25px;
            background: limegreen;
            padding: 20px;
            width: 200px;
            height: 150px;
        }

        #box2 {
            border-radius: 25px;
            border: 2px solid limegreen;
            padding: 20px;
            width: 200px;
            height: 150px;
        }

        #box3 {
            border-radius: 25px;
            background: url(pic.jpg);
            background-position: left top;
            background-repeat: repeat;
            padding: 20px;
            width: 200px;
            height: 150px;
        }
    </style>
</head>
<body>
    <p> border-radius 属性可设置圆角边框效果。</p>
    <p>指定背景颜色的圆角边框效果:</p>
    <p id="box1">盒模型属性-圆角</p>
    <p>指定边框颜色的圆角边框效果:</p>
    <p id="box2">盒模型属性-圆角</p>
    <p>指定背景图片的圆角边框效果:</p>
    <p id="box3">盒模型属性-圆角</p>

</body>
</html>
```

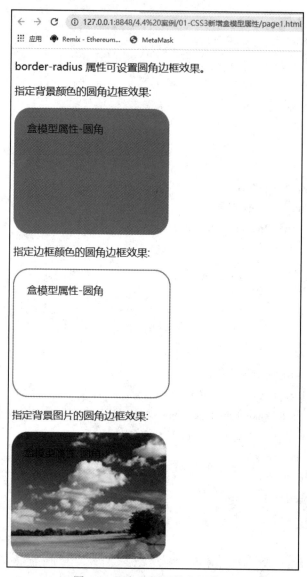

图 5-7　圆角边框属性应用效果

5.3.2　box-shadow 属性

box-shadow 属性的作用是为元素设置一个或多个阴影，其属性值有 h-shadow、v-shadow、blur、spread、color、inset。属性值 h-shadow 是必需的，表示水平阴影的位置，允许为负值。属性值 v-shadow 是必需的，表示垂直阴影的位置，允许为负值。属性值 blur 是可选的，表示模糊的距离。属性值 spread 是可选的，表示阴影的大小。属性值 color 是可选的，表示阴影的颜色。属性值 inset 是可选的，表示从外层的阴影(开始时)改变阴影内侧阴影。该属性的应用实例如例 5-8 所示，其效果如图 5-8 所示。

【例 5-8】　box-shadow 属性应用实例(其代码见文件 chapter05_08.html)。
本例代码如下：

```
<!DOCTYPE html>
<html>
    <head>
        <meta charset="utf-8">
        <title>学习 CSS 新增盒模型属性</title>
        <style>
            /*box-shadow 属性：设置一个或多个阴影*/
            div {
                width: 300px;
                height: 100px;
                background-color: darkorange;
                box-shadow: 20px 20px 6px #AAAAAA;
            }
        </style>
    </head>
    <body>
        <div></div>
    </body>
</html>
```

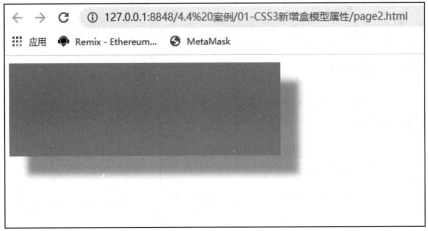

图 5-8　box-shadow 属性应用效果

5.3.3　resize 属性

　　resize 属性的作用是设置元素是否可以由用户调整其尺寸,其属性值可以是 none、both、horizontal、vertical。当属性值为 none 时,用户无法调整元素的尺寸。当属性值为 both 时,用户可调整元素的高度和宽度。当属性值为 horizontal 时,用户可调整元素的宽度。当属性值为 vertical 时,用户可调整元素的高度。该属性的应用实例如例 5-9 所示,其效果如图 5-9 所示。

【例 5-9】 resize 属性应用实例(其代码见文件 chapter05_09.html)。

本例代码如下:

```html
<!DOCTYPE html>
<html>
    <head>
        <meta charset="utf-8">
        <title>学习 CSS3 新增盒模型属性</title>
        <style>
            /*resize 属性：设置元素是否可以由用户调整尺寸*/
            div {
                border: 2px solid;
                padding: 20px 40px;
                width: 200px;
                resize: both;
                overflow: auto;
            }
        </style>
    </head>
    <body>
        <div>用户可以调整此元素的边框宽度和高度。</div>
    </body>
</html>
```

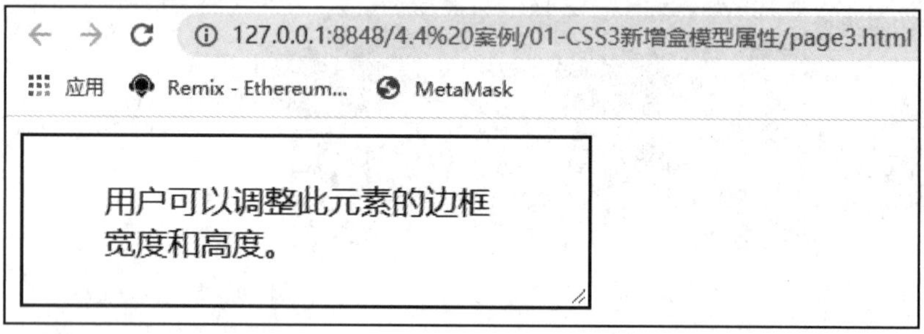

图 5-9　resize 属性应用效果

5.3.4　outline-offset 属性

outline-offset 属性的作用是设置轮廓的偏移量，其属性值是长度，表示轮廓与边框边缘的距离。该属性的应用实例如例 5-10 所示，其效果如图 5-10 所示。

【例 5-10】 outline-offset 属性应用实例(其代码见文件 chapter05_10.html)。

本例代码如下:

```html
<!DOCTYPE html>
<html>
```

```
<head>
    <meta charset="utf-8">
    <title>学习 CSS3 新增盒模型属性</title>
    <style>
        /*outline-offset 属性：设置轮廓的偏移量*/
        div {
            margin: 20px;
            width: 150px;
            padding: 10px;
            height: 70px;
            border: 2px solid black;
            outline: 2px solid red;
            outline-offset: 10px;
        }
    </style>
</head>
<body>

    <div>此元素外侧有一个偏移距离 10px 的红色外轮廓。</div>

</body>
</html>
```

图 5-10　outline-offset 属性应用效果

5.4　CSS3 多列属性的应用

　　为了使页面文本的排版呈现多样化的形式，CSS3 新增了多列模式，相应地也新增了一系列多列属性，见表 5-4。

CSS3 多列属性

表 5-4　CSS3 新增的多列属性

属　　性	功能描述	属　性　值
column-count	设置元素被分隔的列数	数字/auto
column-width	设置列的宽度	长度/auto
columns	设置列宽和列数	column-count column-width
column-gap	设置列之间的间隔	长度/normal
column-span	设置元素横跨的列数	1/all
column-rule-style	设置列之间间隔的样式	none/hidden/dotted/dashed/solid/double/groove/ridge/inset/outset
column-rule-color	设置列之间间隔的颜色	颜色名称/十六进制数值/rgb 函数
column-rule-width	设置列之间间隔的宽度	thin/medium/thick/length
column-rule	设置列之间间隔的所有属性	column-rule-style column-rule-color column-rule-width

下面重点讲 column-count 属性、column-rule-style 属性、column-rule-color 属性。

1. column-count 属性

column-count 属性的作用是设置元素被分隔的列数,其属性值是数字,表示要分隔的列数。该属性的应用实例如例 5-11 所示,其效果如图 5-11 所示。

【例 5-11】　column-count 属性应用实例(其代码见文件 chapter05_11.html)。

本例代码如下:

```
<!DOCTYPE html>
<html>
    <head>
        <meta charset="utf-8">
        <title>学习 CSS3 新增多列属性</title>
        <style>
            /*column-count 属性:设置元素内容被分为的列数,这里是 3 */
            .text {
                -moz-column-count: 3;
                /* Firefox */
                -webkit-column-count: 3;
                /* Safari and Chrome */
                column-count: 3;
            }
        </style>
    </head>
```

```
<body>
    <div class="text">
        明月几时有？把酒问青天。不知天上宫阙，今夕是何年。我欲乘风归去，又恐琼楼玉
        宇，高处不胜寒。起舞弄清影，何似在人间。
        转朱阁，低绮户，照无眠。不应有恨，何事长向别时圆？人有悲欢离合，月有阴晴圆
        缺，此事古难全。但愿人长久，千里共婵娟。
    </div>
</body>
</html>
```

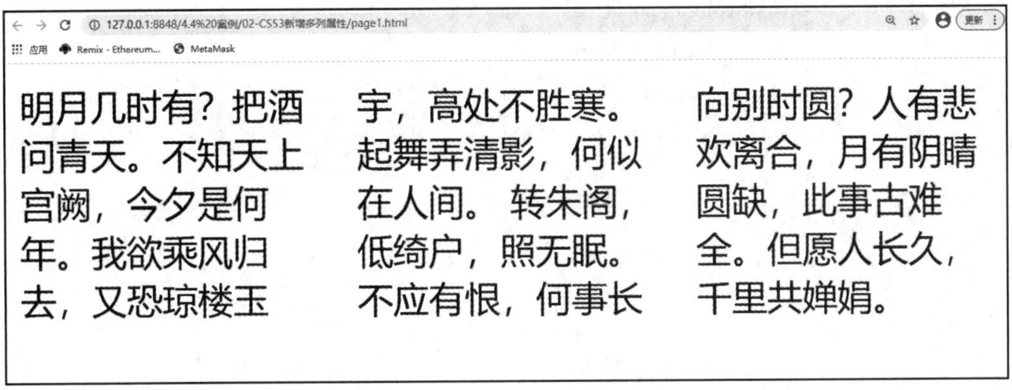

图 5-11　column-count 属性应用效果

2. column-rule-style 属性和 column-rule-color 属性

column-rule-style 属性的作用是设置列之间间隔的样式。column-rule-color 属性的作用是设置列之间间隔的颜色。column-rule-style 属性和 column-rule-color 属性的应用实例如例 5-12 所示，其效果如图 5-12 所示。

【例 5-12】　column-rule-style 属性和 column-rule-color 属性应用实例(其代码见文件 chapter05_12.html)。

本例代码如下：

```
<!DOCTYPE html>
<html>
    <head>
        <meta charset="utf-8">
        <title>学习 CSS3 新增多列属性</title>
        <style>
            /*column-rule-style 属性：设置列之间间隔的样式  */
            /*column-rule-color 属性：设置列之间间隔的颜色  */
            .text {
                column-count: 3;
                column-gap: 40px;
                column-rule-style: outset;
```

```
        column-rule-color: #ff0000;

        /* Firefox */
        -moz-column-count: 3;
        -moz-column-gap: 40px;
        -moz-column-rule-style: outset;
        -moz-column-rule-color: #ff0000;

        /* Safari and Chrome */
        -webkit-column-count: 3;
        -webkit-column-gap: 40px;
        -webkit-column-rule-style: outset;
        -webkit-column-rule-color: #ff0000;
        }
    </style>
</head>
<body>


    <div class="text">
        明月几时有？把酒问青天。不知天上宫阙，今夕是何年。我欲乘风归去，又恐琼楼玉
宇，高处不胜寒。起舞弄清影，何似在人间。

        转朱阁，低绮户，照无眠。不应有恨，何事长向别时圆？人有悲欢离合，月有阴晴圆
缺，此事古难全。但愿人长久，千里共婵娟。
        </div>
    </body>
</html>
```

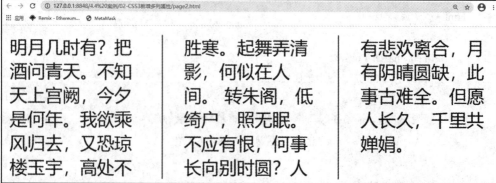

图 5-12   column-rule-style 属性和 column-rule-color 属性应用效果

5.5　CSS3 变形动画属性的应用

为了使页面的元素更加多样化和富有表现力，CSS3 新增了变形、动画等属性，包括 2D 变形属性、3D 变形属性、过渡属性和动画属性。

CSS3 的 2D 变形属性

5.5.1　CSS3 的 2D 变形属性

CSS3 新增了两个 2D 变形属性 transform 和 transform-origin。

· transform 属性：用于设置元素的变形，可以设置一个或多个变形函数。变形函数包括 translate(x,y)、rotate(angle)、scale(x,y)、skew(angleX,angleY)、matrix(a,b,c,d,x,y)。

· transform-origin 属性：表示元素旋转的中心点，默认值为 50% 50%。

1. transform 属性使用 rotate(angle)变形函数的应用

transform 属性使用 rotate(angle)变形函数的应用实例如例 5-13 所示，其效果如图 5-13 所示。

【例 5-13】　CSS3 的 2D 变形属性的应用实例(其代码见文件 chapter05_13.html)。

本例代码如下：

```
<!DOCTYPE html>
<html>
<head>
<meta charset="utf-8">
<title>学习 CSS3 的 2D 变形属性</title>
<style>
div
{
    width:200px;
    height:150px;
    background-color:greenyellow;
    border:2px solid black;
}
div#div2
{
    transform:rotate(20deg);
    -ms-transform:rotate(20deg); /* IE 9 */
    -webkit-transform:rotate(20deg); /* Safari and Chrome */
}
</style>
```

```
</head>
<body>
<div>ABCDEFG</div>
<div id="div2">ABCDEFG</div>
</body>
</html>
```

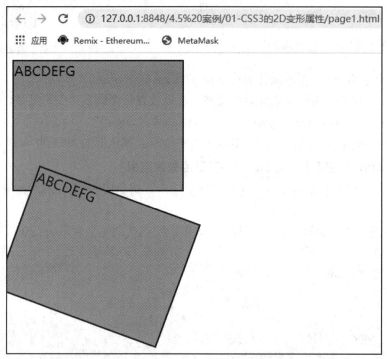

图 5-13　transform 属性使用 rotate(angle)变形函数应用效果

2. transform 属性使用 translate(x,y)变形函数的应用

transform 属性使用 translate(x,y)变形函数的应用实例如例 5-14 所示,其效果如图 5-14 所示。

【例 5-14】　transform 属性使用 translate(x,y)变形函数的应用实例(其代码见文件 chapter05_14.html)。

本例代码如下:

```
<!DOCTYPE html>
<html>
<head>
<meta charset="utf-8">
<title>学习 CSS3 的 2D 变形属性</title>
<style>
div
{
```

```
    width:200px;
    height:150px;
    background-color:yellow;
    border:2px solid black;
}
div#div2
{
    transform:translate(150px,100px);
    -ms-transform:translate(150px,100px); /* IE 9 */
    -webkit-transform:translate(150px,100px); /* Safari and Chrome */
}
</style>
</head>
<body>
<div>ABCDEFG</div>
<div id="div2">ABCDEFG</div>
</body>
</html>
```

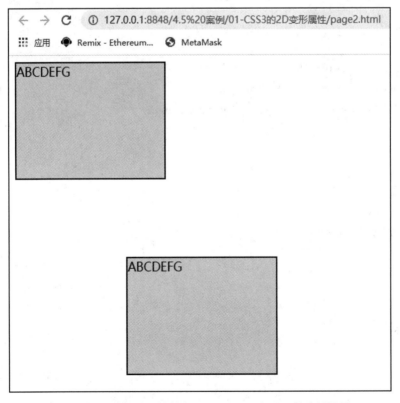

图 5-14　transform 属性使用 translate(x,y)变形函数应用效果

3. transform 属性使用 scale(x,y)变形函数的应用

transform 属性使用 scale(x,y)变形函数的应用实例如例 5-15 所示，其效果如图 5-15 所示。

【例 5-15】 transform 属性使用 scale(x,y)变形函数的应用实例(其代码见文件 chapter05_15.html)。

本例代码如下：

```html
<!DOCTYPE html>
<html>
<head>
<meta charset="utf-8">
<title>学习 CSS3 的 2D 变形属性</title>
<style>
div
{
    width:200px;
    height:150px;
    background-color:greenyellow;
    border:2px solid black;
}
div#div2
{
    transform:scale(0.8,0.8);
    -ms-transform:scale(0.8,0.8); /* IE 9 */
    -webkit-transform:scale(0.8,0.8); /* Safari and Chrome */
}
</style>
</head>
<body>

<div>ABCDEFG</div>

<div id="div2">ABCDEFG</div>

</body>
</html>
```

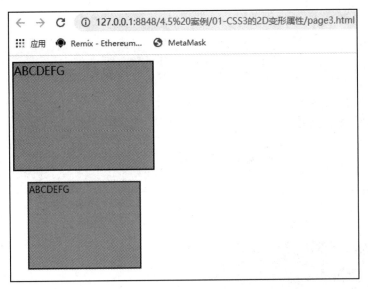

图 5-15　transform 属性使用 scale(x,y)变形函数应用效果

4. transform 属性使用 skew(angleX,angleY)变形函数的应用

transform 属性使用 skew(angleX,angleY)变形函数的应用实例如例 5-16 所示,其效果如图 5-16 所示。

【例 5-16】　transform 属性使用 skew(angleX,angleY)变形函数的应用实例(其代码见文件 chapter05_16.html)。

本例代码如下:

```
<!DOCTYPE html>
<html>
<head>
<meta charset="utf-8">
<title>学习 CSS3 的 2D 变形属性</title>
<style>
div
{
    width:200px;
    height:150px;
    background-color:greenyellow;
    border:2px solid black;
}
div#div2
{
    transform:skew(40deg,40deg);
    -ms-transform:skew(40deg,40deg); /* IE 9 */
    -webkit-transform:skew(40deg,40deg); /* Safari and Chrome */
```

```
    }
    </style>
    </head>
    <body>
    <div>ABCDEFG</div>
    <div id="div2">ABCDEFG</div>
    </body>
    </html>
```

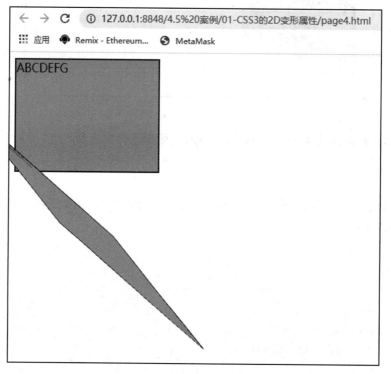

图 5-16   transform 属性使用 skew(angleX,angleY)变形函数应用效果

5.5.2　CSS3 的 3D 变形属性

CSS3 新增了若干 3D 变形属性。

·transform 属性：该属性增加了三个变形函数(rotateX、rotateY、rotateZ)，分别表示元素沿着 x、y、z 轴旋转。

CSS3 的 3D 变形属性

· transform-style 属性：用于设置嵌套的子元素在 3D 空间中的显示效果。

· perspective 属性：设置近大远小的透视效果。

· perspective-origin 属性：设置 3D 元素所基于的 x 轴和 y 轴，改变 3D 元素的底部位置。

· backface-visibility 属性：设置当元素背面面向屏幕时是否可见，常用于设置不希望用户看到旋转元素的背面。

transform 属性使用三个变形函数(rotateX、rotateY、rotateZ)的应用实例如例 5-17 所示，其效果如图 5-17 所示。

【例 5-17】　CSS3 的 3D 变形属性应用实例(其代码见文件 chapter05_17.html)。

本例代码如下：

```
<!DOCTYPE html>

<html>

<head>

<meta charset="utf-8">

<title>学习 CSS3 的 3D 变形属性</title>

<style>

div

{

    width:100px;

    height:75px;

    background-color:red;

    border:1px solid black;

}

div#div2

{        /* 沿着 X 轴旋转 */

    transform:rotateX(150deg);

    -webkit-transform:rotateX(150deg); /* Safari and Chrome */

}

div#div3

{        /* 沿着 Y 轴旋转 */

    transform:rotateY(150deg);

    -webkit-transform:rotateY(150deg); /* Safari and Chrome */

}

div#div4

{        /* 沿着 Z 轴旋转 */

    transform:rotateZ(150deg);

    -webkit-transform:rotateZ(150deg); /* Safari and Chrome */

}

</style>

</head>

<body>

<div>DIV 元素色块</div>

<div id="div2">DIV 元素色块</div>

<div id="div3">DIV 元素色块</div>

<div id="div4">DIV 元素色块</div>
```

```
</body>
</html>
```

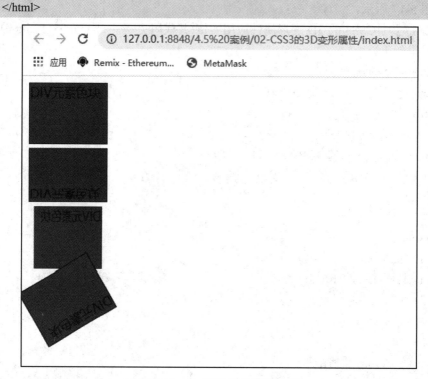

图 5-17　3D 变形属性应用效果

5.5.3　CSS3 的过渡属性

在 Web 页面中，元素从一种显示样式转换到另外一种显示样式的过程称为"过渡"。为了给元素的过渡添加动态效果，传统的方式是使用 Flash 技术或 JavaScript 技术来实现。CSS3 新增了一系列过渡属性(见表 5-5)，它们可以为元素添加过渡效果，这在一定程度上替代了传统的实现技术。

CSS3 的过渡属性

表 5-5　CSS3 新增的过渡属性

属　　性	功能描述	属　性　值	是否继承
transition-delay	设置过渡的延迟时间	time	否
transition-duration	设置过渡的过渡时间	time	否
transition-timing-function	设置过渡的时间曲线	linear/ease/ease-in/ease-out/ease-in-out/cubic-bezier(x1,y1,x2,y2)	否
transition-property	设置哪个 CSS 使用过渡效果	none/all/CSS 属性名称列表	否
transition	设置过渡的所有属性	transition-delay transition-duration transition-timing-function transition-property	否

CSS3 新增的过渡属性应用实例如例 5-18 所示，其效果如图 5-18 所示。

【例 5-18】　CSS3 新增的过渡属性应用实例(其代码见文件 chapter05_18.html)。

本例代码如下：

```html
<!DOCTYPE html>
<html>
<head>
<meta charset="utf-8">
<title>学习 CSS3 的过渡属性</title>
<style>
div
{
    width:100px;
    height:100px;
    background:red;
    transition-property:width;
    transition-duration:1s;
    transition-timing-function:linear;
    transition-delay:2s;
    /* Safari */
    -webkit-transition-property:width;
    -webkit-transition-duration:1s;
    -webkit-transition-timing-function:linear;
    -webkit-transition-delay:2s;
}
div:hover{
    width:200px;
}
</style>
</head>
<body>
<div>DIV 元素色块过渡效果</div>
</body>
</html>
```

图 5-18　CSS3 新增的过渡属性应用效果

5.5.4　CSS3 的动画属性

为了使 Web 页面的呈现效果更加丰富灵动，常常需要给元素添加动画效果。CSS3 新增了一系列动画属性(见表 5-6)，可以取代许多网页动画图像、Flash 动画和 JavaScript 实现的效果，而直接完成动画的创建。

CSS3 的动画属性

表 5-6　CSS3 新增的动画属性

属　性	功能描述	属　性　值	是否继承
@keyframes	定义动画选择器	name 时间 CSS 样式	否
animation-name	使用@keyframes 定义的动画	none/动画选择器的名称	否
animation-delay	设置动画的延迟时间	time	否
animation-duration	设置动画的持续时间	time	否
animation-timing-function	设置动画的时间曲线	linear/ease/ease-in/ease-out/ease-in-out/cubic-bezier(x1,y1,x2,y2)	否
animation-iteration-count	设置动画的播放次数	数字/infinite	否
animation-direction	设置动画的反向播放	normal/alternate	—
animation-play-state	设置动画的播放状态	paused/running	—
transition	设置动画的所有属性	animation-name animation-delay animation-duration animation-timing-function animation-iteration-count animation-direction	否

CSS3 新增的动画属性应用实例如例 5-19 所示，其效果如图 5-19 所示。在本实例中，div 元素色块以页面左上角为起始点，按照向右、向下、向左、向上、向下、向右、向上、向左的运动轨迹，循环往复地运动；伴随着运动过程，div 元素色块的颜色也随之发生变化，按照红、黄、蓝、绿、红、绿、蓝、黄的变色顺序，循环往复地变换颜色。

【例 5-19】 CSS3 的动画属性应用实例(其代码见文件 chapter05_19.html)。

本例代码如下：

```
<!DOCTYPE html>
<html>
<head>
<meta charset="utf-8">
<title>学习 CSS3 的动画属性</title>
<style>
div
{
    width:150px;
    height:150px;
    background:red;
    position:relative;
    animation-name:myfirst;
    animation-duration:5s;
    animation-timing-function:linear;
    animation-delay:2s;
    animation-iteration-count:infinite;
    animation-direction:alternate;
    animation-play-state:running;
    /* Safari and Chrome: */
    -webkit-animation-name:myfirst;
    -webkit-animation-duration:5s;
    -webkit-animation-timing-function:linear;
    -webkit-animation-delay:2s;
    -webkit-animation-iteration-count:infinite;
    -webkit-animation-direction:alternate;
    -webkit-animation-play-state:running;
}
@keyframes myfirst
{
    0%      {background:red; left:0px; top:0px;}
    25%     {background:yellow; left:200px; top:0px;}
    50%     {background:blue; left:200px; top:200px;}
    75%     {background:green; left:0px; top:200px;}
    100%    {background:red; left:0px; top:0px;}
}
@-webkit-keyframes myfirst /* Safari and Chrome */
{
```

```
    0%      {background:red; left:0px; top:0px;}
    25%     {background:yellow; left:200px; top:0px;}
    50%     {background:blue; left:200px; top:200px;}
    75%     {background:green; left:0px; top:200px;}
    100%    {background:red; left:0px; top:0px;}
}
</style>
</head>
<body>
<div>DIV 元素色块</div>
</body>
</html>
```

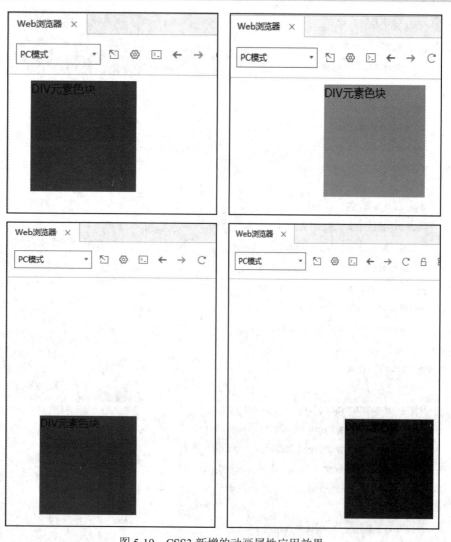

图 5-19　CSS3 新增的动画属性应用效果

5.6　综 合 案 例

下面通过"嫦娥探月"综合案例，来进一步深入理解和掌握本章涉及的知识点与技术点。在此案例中，搭载"嫦娥探测器"的运载火箭从地球出发，飞向遥远的月球；随着火箭越飞越远，从视觉上看也越来越小。这些动画效果的实现，是本案例的重点内容。案例代码包括 HTML 文件和 CSS 文件两部分，如例 5-20 所示，页面效果如图 5-20 所示。

【例 5-20】　综合案例(其代码见文件 chapter05_20.html)。

本例代码如下：

```
<!DOCTYPE html>
<html>
<head>
    <meta charset="utf-8">
    <title>嫦娥探月</title>
    <link rel="stylesheet"    href="./css/main.css">
</head>
<body>
    <div class="aerobat">
        <img src="./img/火箭.png" alt="">
    </div>
</body>
</html>


CSS 文件：main.css
body{
    background: url("../img/嫦娥探月背景.jpg") no-repeat;
    height:100%;
    width:100%;
    overflow: hidden;
    background-size:cover;
}
.aerobat{
    position: absolute;
    top: 620px;
    left: 92%;
    transform: translateX(-50%) scale(.1) rotate(300deg);
    animation: fly 4s forwards;

}
```

```
/* 动画效果 */
@keyframes fly {
    50%{
        transform: scale(1) rotate(300deg);
    }
    to{
        top: 20%;
        left: 30%;
        transform: scale(.1) rotate(300deg);
    }
}
```

图 5-20   嫦娥探月页面效果

本 章 小 结

本章介绍了 CSS3 新增的背景属性、字体文本属性、盒模型属性、多列属性和变形动画属性，并通过案例重点讲解了这些属性的使用方法。

习 题 与 实 践

一、选择题

1. 下列哪项不是 CSS3 新增的字体文本属性？(　　)

A. background-size   B. word-break

C. text-overflow   D. word-wrap

2. 对 CSS3 新增的盒模型属性"box-shadow"的功能描述正确的是(　　)。

A. 设置左上角圆角边框   B. 设置右下角圆角边框

C. 设置一个或多个阴影   D. 设置四个角圆角边框

3. 对 CSS3 新增的动画属性"animation-direction"的功能描述正确的是(　　)。

A. 设置动画的反向播放　　　　　　B. 设置动画的持续时间

C. 设置动画的播放次数　　　　　　D. 设置动画的播放状态

4. 对 CSS3 新增的背景属性"background-size"的功能描述正确的是(　　)。

A. 设置背景颜色　　　　　　　　　B. 设置背景覆盖范围

C. 设置背景覆盖的起点　　　　　　D. 设置背景的大小

5. 对 CSS3 新增的字体文本属性"text-overflow"的功能描述正确的是(　　)。

A. 规定自动换行的方式　　　　　　B. 规定当文本溢出元素框时的处理方式

C. 规定单词的换行方式　　　　　　D. 规定文字的换行方式

二、简答题

1. 简述 CSS3 新增的文本属性的功能。

2. 简述 CSS3 新增的 3D 变形属性的功能。

3. CSS3 新增的 transform 属性用于设置元素的变形,它可以设置一个或多个变形函数, 请列举变形函数。

三、实践演练

参照图 5-21 所示效果,编写带有探测器飞行动画效果的"火星探测"页面。

图 5-21　火星探测页面效果

jQuery 概述

学习目标

✦ 了解 jQueuy 的概念、用途及优势；
✦ 掌握 jQuery 脚本库的下载方法；
✦ 掌握引入 jQuery 的方法；
✦ 掌握 jQuery 的基本语法；
✦ 能够正确使用文档就绪函数。

6.1 初识 jQuery

1. jQuery 的概念

jQuery 是一个 JavaScript 工具库，它是对 JavaScript 对象和函数的封装。jQuery 是 John Resig 于 2006 年创建的一个开源项目，随着越来越多开发者的加入，jQuery 已经集成了 JavaScript、CSS、DOM 和 AJAX，具有强大的功能。使用 jQuery，它可以用最少的代码，完成更多复杂而困难的功能，从而得到了更多开发者的青睐。

jQuery 的概念

jQuery 至今主要有三种版本：

(1) 1.X 版本兼容 IE6/7/8，但目前官方只做 BUG 维护了；

(2) 2.X 版本不兼容 IE6/7/8，官方也只做 BUG 维护；

(3) 3.X 版本是目前常用的，它不兼容 IE6/7/8，只支持最新的浏览器。

2. jQuery 的优点

jQuery 文件小巧、语法简洁易懂，学习速度快，因此得到了广泛的使用。它的优点如下：

第一，jQuery 可以简化 HTML 文档元素的遍历、事件处理、动画和 Ajax 交互，以实现 Web 快速开发。

第二，jQuery 能够使用网页保持代码和 HTML 内容分离，不用再在 HTML 里面插入一堆 JavaScript 来调用命令了，只需定义 id 即可。

第三，jQuery 方便开发者使用，并且它获取元素的方式更加灵活。

jQuery 的优点

6.2　下载和引用 jQuery 库

6.2.1　下载 jQuery 库

下载 jQuery 库

jQuery 库文件可以在其官网下载得到，方法如下：

打开浏览器，在地址栏输入 https://jquery.com/，进入 jQuery 官方网站。

进入 jQuery 官方网站后，显示如图 6-1 所示的网页，网页右上角有最新版本的 jQuery 脚本库的下载链接，上面显示了 jQuery 的最新版本号。

图 6-1　jQuery 官网

点击链接进入下载界面，官方提供了两类库文件以供下载。如图 6-2 所示，slim 版是经过缩小化处理的，文件较小，适合项目开发，但不便于调试。另一个版本是未经过压缩处理的版本，体积较大，但便于调试和阅读。

每个版本下面又提供了几种细化的版本，第一个是解压版，第二个是未解压版，第三个是原始文件。

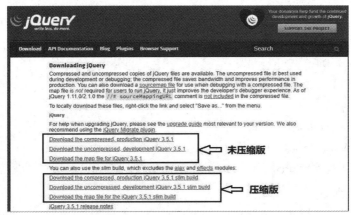

图 6-2　jQuery 脚本库下载界面

6.2.2 引用 jQuery 库

引入 jquery 有以下两种方法。

(1) 方法一：使用本地下载的 jQuery 库。即把下载好的 jQuery 文件保存到项目目录中，在项目的 HTML 文件中使用<script>标签引入。

引用 jQuery 库

语句如下：

```
<script src="jquery-3.5.1.min.js"> </script>
```

(2) 方法二：通过 CDN 内容分发网络引用 jQuery 库。目前，许多网站提供了静态资源公共库，例如 Staticfile CDN、百度、新浪、谷歌等的服务器都存有 jQuery 库文件。

- Staticfile CDN：

```
<script src="https://cdn.staticfile.org/jquery/1.10.2/jquery.min.js"></script>
```

- 百度 CDN：

```
<script src="https://apps.bdimg.com/libs/jquery/2.1.4/jquery.min.js"> </script>
```

- 新浪 CDN：

```
<script src="https://lib.sinaapp.com/js/jquery/2.0.2/jquery-2.0.2.min.js"> </script>
```

需要注意的是，许多用户在访问百度、新浪、谷歌或微软等站点时已经加载过 jQuery，所以当他们访问我们的站点时，会从缓存中加载 jQuery，这样可以减少加载时间，提高加载速度。

使用本地下载的 jQuery 库的方法如例 6-1 所示。该例显示如图 6-3 所示的网页，其中定义了一段文本和一个按钮。点击"点击我"按钮，文本消失。

【例 6-1】 使用本地下载的 jQuery 库的方法的应用实例(其代码见文件 chapter06_01.html)。

本例代码如下：

```
<script src="jquery-3.5.1.min.js"> </script>
<script>
```

下面这段 jQuery 代码可实现单击按钮，使 p 标签的文本隐藏的功能。

```
<!DOCTYPE html>
<html>
  <head>
    <meta charset="utf-8">
    <title>jQuery 库引用</title>
    <script src="jquery-3.5.1.min.js"> </script>
    <script>
    $(document).ready(function(){
      $("button").click(function(){
        $("p").hide();
      });
    });
    </script>
```

```
    </head>
    <body>
        <p>测试文本</p>
        <button>点击我</button>
    </body>
</html>
```

本例选择从本地引入 jQuery 库，将下载好的 jQuery 库文件放入 HTML 文件所在的文件夹，如图 6-4 所示。

图 6-3　网页效果　　　　　　　　　图 6-4　jQuery 库文件位置

由于网页文件与下载好的 jQuery 库在相同目录下，因此相对路径可以直接写文件的名字。在线引用 jQuery 库如例 6-2 所示。

【例 6-2】　在线引用 jQuery 库应用案例(其代码见文件 chapter06_02.html)。

本例代码如下：

```
<!DOCTYPE html>
<html>
    <head>
        <meta charset="utf-8">
        <title>jQuery 库引用</title>
        <script src="https://cdn.staticfile.org/jquery/1.10.2/jquery.min.js"> </script>
        <script>
            $(document).ready(function(){
                $("button").click(function(){
                    $("p").hide();
                });
            });
        </script>
    </head>
    <body>
            <p>测试文本</p>
            <button>点击我</button>
    </body>
</html>
```

运行并查看结果。点击按钮，文本消失，说明 jQuery 脚本库下载使用正确。

6.3　使用文档就绪函数

　　文档就绪函数是 jQuery 中最重要的一个函数，它是为了防止文档在完全加载之前运行 jQuery 代码。如果在文档没有完全加载之前就运行函数，操作可能失败，例如试图隐藏一个不存在的元素，或者获得未完全加载的图像的大小。

使用文档就绪函数

　　文档就绪函数语法如下：

```
$(document).ready(function(){
    //    jQuery 代码...
});
```

　　文档就绪函数实质上是 window.load 事件的替代方法。在 JavaScript 中对应功能的入口函数为 window.onload，但是它们是有一定的区别的，如表 6-1 所示。

表 6-1　window.onload 与$(document).ready()区别表

	window.onload	$(document).ready()
执行时机	必须等待网页中所有的内容加载完毕后(包括图片、flash、视频等)才能执行	网页中所有 DOM 文档结构绘制完毕后即刻执行，可能与 DOM 元素关联的内容(图片、flash、视频等)并没有加载完
编写个数	同一页面不能同时编写多个	同一页面能同时编写多个

简化写法	无	$(function(){
		　　//执行代码
		});

　　如图 6-5 所示，页面有一段文本和一个按钮，编写 jQuery 代码实现下面功能：点击按钮，段落"测试文本"消失。案例代码如例 6-3 所示，运行效果如图 6-6 所示。

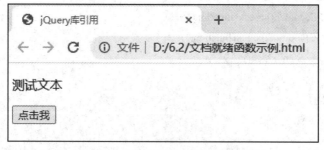

图 6-5　页面最初运行效果

　　【例 6-3】　编写 jQuery 代码实现相关功能应用实例(其代码见文件 chapter06_03.html)。

　　试想如果没有使用文档就绪函数，将操作 p 标签隐藏的 jQuery 语句写在 p 标签之前，会是什么结果，代码如下：

```
<html>
    <head>
```

```
        <meta charset="utf-8">
        <title>jQuery 库引用</title>
        <script src="https://cdn.staticfile.org/jquery/1.10.2/jquery.min.js"> </script>
        <script>
            $("button").click(function(){
            $("p").hide();
            });
        </script>
    </head>
    <body>
        <p>测试文本</p>
        <button>点击我</button>
    </body>
</html>
```

运行查看效果，点击按钮，段落并没有隐藏，这是因为在段落还没加载出来之前就执行了隐藏，隐藏函数并没有找到要隐藏的对象，所以失败。

下面我们加上文档就绪函数，具体代码如下：

```
<script>
$(document).ready(function(){
    $("button").click(function(){
        $("p").hide();
    });
});
</script>
```

运行程序，点击按钮，段落隐藏了，功能实现，如图 6-6 所示。

图 6-6　点击按钮后页面效果

可以看出，网页中被操作的 DOM 文档结构需要绘制完毕后，才可以执行 jQuery 代码对其进行操作。

6.4　综合案例

下面通过一个综合案例演示一下 jQuery 开发环境的搭建。下载 jQuery 库，搭建网页开发环境，编写 jQuery 程序并运行。

(1) 下载 jQuery 库。

进入 jQuery 官网，下载 jQuery 库文件，如图 6-7 所示。

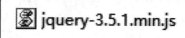

图 6-7　下载的库文件

(2) 安装 HBuilderX，然后在 HBuilderX 中创建 HTML 项目。

本例采用的是免安装的 HBuilderX 版本，解压 HBuilderX 压缩文件后点击 HBuilderX.exe。

打开 HBuilderX，在菜单栏选择"文件"→"新建"→"项目"。

在打开的"新建项目"窗口中填入项目名称，选择项目位置，然后在"选择模板"区域选择"基本 HTML 项目"，如图 6-8 所示。

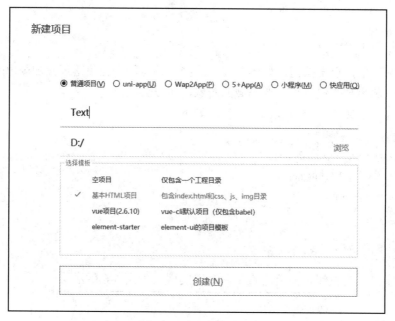

图 6-8　填写项目信息

(3) 引入 jQuery 库。

将 jQuery 库文件复制到本项目的"js"目录下，如图 6-9 所示。然后在文件中添加引入库文件的语句。

图 6-9　jQuery 库文件路径

引入库文件语句如下：

```
<script src="js/jquery-3.5.1.min.js"></script>
```

(4) 编写 jQuery 程序。

编写 jQuery 程序，实现点击按钮、弹出警告框的效果。示例代码如例 6-4 所示，显示效果如图 6-10 所示。

【例 6-4】　编写 jQuery 程序的应用实例(其代码见文件 chapter06_04.html)。

本例代码如下：

```
<!DOCTYPE html>
<html>
    <head>
        <meta charset="utf-8" />
        <title>Hello world</title>
        <script src="js/jquery-3.5.1.min.js"></script>
        <script>
            $(document).ready(function() {
                $("button").click(function() {
                    alert("Hello world!");
                });
            });
        </script>
    </head>
    <body>
        <button>按钮</button>
    </body>
</html>
```

图 6-10　运行效果

本 章 小 结

本章首先介绍了 jQuery 库的概念、功能、优势，以及 jQuery 库的下载和应用方法；然后学习了 jQuery 的基础语法；接着又学习了文档就绪函数的语法和用途，并结合实例讲解了其应用的必要性。通过学习，我们也了解了 jQuery 作为一个框架，有哪些优势，能够简化哪些任务。

$$\rule{3cm}{0pt}习\ 题\ 与\ 实\ 践\rule{3cm}{0pt}$$

一、选择题

1. jQuery 的简写是(　　)。

A. $ 　　　　　B. JQ 　　　　　C. J 　　　　　D. &

2. 以下对 jQuery 描述不正确的是？(　　)

A. jQuery 就是 javaScript 　　　　　B. jQuery 提供了很多特效

C. jQuery 可以完全替代 javaScript 　　D. jQuery 使代码量大幅减少

3. 在 jQuery 中，下列关于文档就绪函数的写法正确的是(　　)。

A. &(function() {}); 　　　　　B. $(document).(function() {});

C. $(document) (function() {}); 　　D. $(document).ready(function() {});

4. HTML 页面中利用(　　)标签可引入 jQuery 库。

A. HTML 　　　　　B. div 　　　　　C. jQuery 　　　　　D. script

5. jQuery 库的作用不包括(　　)。

A. 提高代码的耦合度 　　　　　B. 节省开发时间

C. 提高代码复用性 　　　　　D. 解决浏览器的差异性

二、简答题

1. 请简述 jQuery。

2. jQuery 库的特性有哪些？

3. jQuery 对象与 DOM 对象的区别有哪些？

三、实践演练

下载 jQuery 库文件，搭建开发环境，编写一个简单的 jQuery 程序。

jQuery 选择器

 学习目标

✦ 熟练使用基本选择器获取元素；
✦ 熟练使用层级选择器获取元素；
✦ 熟练使用过滤选择器获取元素。

7.1　应用基本选择器获取操作对象

jQuery 选择器可以基于元素的 id、类、类型、属性、属性值等查找或选择 HTML 元素。它可以对 HTML 元素组或单个元素进行操作。在 jQuery 中，所有选择器都以 "$" 开头。

语法：

$(selector).action()

参数说明：

(1) 美元符号定义 jQuery，又称工厂函数；

(2) selector：表示获取需要操作的 DOM 元素，分为基本选择器、层级选择器和过滤选择器几类；

(3) action()：jQuery 中提供的方法，其中包括绑定事件处理的方法。

示例：

① $(this).hide()　　　// 隐藏当前元素

② $("p").hide()　　　// 隐藏所有段落

③ $("p.test").hide()　　// 隐藏所有 class="test" 的段落

④ $("#test").hide()　　// 隐藏第 id="test" 的元素

下面介绍几种常用的基本选择器，包括 id 选择器、类选择器、元素选择器和 * 选择器。其中，id 选择器返回的是单个元素，类选择器、元素选择器和 * 返回的是集合元素。具体说明见表 7-1。

表 7-1   基本选择器说明表

选 择 器	描 述	返 回	示 例
#id	根据给定 id 匹配一个元素	单个元素	$("#t") 选取 id 为 t 的元素
.class	根据给定类名匹配元素	集合元素	$(".t") 选取所有 class 为 t 的元素
element	根据给定元素名匹配元素	集合元素	$("p") 选取所有 p 元素
*	匹配所有元素	集合元素	$("*") 选取所有元素

7.1.1   id 选择器

id 选择器的功能是通过元素的 id 属性去匹配一个元素，其返回值是
单个元素。

id 选择器

语法：

```
$("#id")
```

参数说明：id 为字符型，在元素 id 属性的值前面加上#。

示例：

```
<p id="test">你好</p>
```

可以用$("#test")匹配得到"你好"段落。

图 7-1 所示的网页定义了两个段落和一个按钮，其中一个段落有 id 属性，其值为"hd"。
编写 jQuery 语句，实现如下功能：点击"点我"按钮，id 属性为"hd"的段落消失。实现
以上效果的实例如例 7-1 所示，运行效果如图 7-2 所示。

图 7-1   页面最初效果

【例 7-1】   id 选择器应用实例(其代码见文件 chapter07_01.html)。

本例代码如下：

```
<!DOCTYPE html>
<html>
    <head>
```

```
<meta charset="utf-8">
<title>id 选择器</title>
<script src="jquery-3.5.1.min.js">
</script>
<script>
    $(document).ready(function(){
        $("button").click(function(){
            $("#hd").hide();
        });
    });
</script>
</head>
<body>
        <p>段落 1</p>
        <p id="hd">段落 2</p>
    <button>点我</button>
</body>
</html>
```

　　编写 jQuery 代码,先写一个文档就绪函数,然后写一个按钮单击事件处理函数 click(),按钮单击后实现语句 $("#hd").hide();

　　在这个语句中,使用 id 选择器 "#hd" 选取要隐藏的段落元素,然后调用 hide() 方法使其隐藏,运行效果如图 7-2 所示,单击按钮,"段落 2" 就消失了。

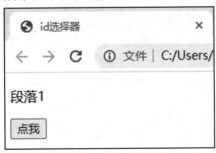

图 7-2　点击按钮后效果

7.1.2　类选择器

　　类选择器可以选取具有 class 属性的元素,功能是根据给定的类匹配元素。

　　它的写法是一个美元符号加一个括号,括号里面将元素的 class 属性值加上一个 ".",然后用双引号括起来。

类选择器

　　语法:

```
$(".class")
```

参数说明：class 为 string 型，表示一个用以搜索的类；

返回值：Array<Element(s)>，是一个集合。

由于元素的 class 属性并不是唯一的，可能会发生几个元素的 class 属性值是相同的情况，因此类选择器的返回值是一个集合元素，并不唯一。

示例：

```
<p class="c1">你好</p>
```

可以用".c1"作为选择器的参数，匹配到"你好"段落，即$(".class")。

图 7-3 所示的网页中定义了一个 class=cd 的"段落 2"，编写代码实现如下功能：单击按钮，"段落 2"隐藏。实现以上效果的实例如例 7-2 所示。

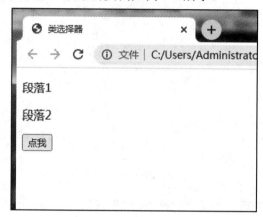

图 7-3　页面最初效果

【例 7-2】　类选择器的应用实例(其代码见文件 chapter07_02.html)。

本例代码如下：

```
<!DOCTYPE html>
<html>
  <head>
    <meta charset="utf-8">
    <title>类选择器</title>
    <script src="jquery-3.5.1.min.js">
    </script>
    <script>
        $(document).ready(function(){
            $("button").click(function(){
                $(".cd").hide();
            });
        });
    </script>
  </head>
  <body>
```

```
            <p>段落 1</p>
            <p class="cd">段落 2</p>
        <button>点我</button>
    </body>
</html>
```

"段落 2"的 class 属性值为"cd",因此可以使用类选择器匹配到该元素。文档就绪函数和按钮单击事件的写法同例 7-1,通过$(".cd") 选取"段落 2",然后调用 hide()方法实现隐藏功能。运行程序,单击"点我"按钮,段落 2 隐藏。

7.1.3　元素选择器

试想一下,如果我们要操作的对象既没有 id 属性也没有 class 属性,那么将通过什么方法匹配到它呢?答案是使用元素选择器。

元素选择器的功能是根据 DOM 节点的标签名匹配元素。由于页面中标签的名字不是唯一的,因此元素选择器的返回值也是一个集合。

元素选择器

语法:

```
$("element")
```

参数说明:element 为 string 型,表示一个用以搜索的类;

返回值:Array<Element(s)>。

示例:

```
    <p>秋天</p>
    <p>叶子黄了</p>
```

可以用 $("p")匹配得到网页中定义的两个段落。

图 7-4 所示的网页中定义了三个段落,编写代码实现:点击按钮,让所有段落隐藏。实现以上效果的实例如例 7-3 所示。

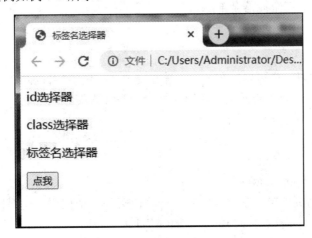

图 7-4　页面最初效果

【例 7-3】　元素选择器应用实例(其代码见文件 chapter07_03.html)。

本例代码如下：

```html
<!DOCTYPE html>
<html>
    <head>
        <meta charset="utf-8">
        <title>标签名选择器</title>
        <script src="jquery-3.5.1.min.js">
        </script>
        <script>
            $(document).ready(function(){
                $("button").click(function(){
                    $("p").hide();
                });
            });
        </script>
    </head>
    <body>
        <p>id 选择器</p>
        <p>class 选择器</p>
        <p>标签名选择器</p>
        <button>点我</button>
    </body>
</html>
```

由于这三个段落都没有 id 属性，也没有类属性，因此适合使用标签选择器。段落的标签名为 p，将 p 作为选择器的参数。运行并查看效果，点击按钮，所有的 p 标签被匹配，通过 hide()方法实现了三个段落全部隐藏。

7.1.4 *选择器

最后，我们来学习一个可以匹配所有元素的选择器。使用*可以匹配所有元素，它返回一个集合元素，多用于结合上下文来搜索。

*选择器

语法：

```
$("*")
```

参数说明：*表示所有元素；

返回值：Array<Element(s)>。

图 7-5 所示的网页中定义了一个标题、一个段落和一个按钮，编写代码实现：点击按钮，所有元素隐藏。实现以上效果的实例如例 7-4 所示。

图 7-5　页面最初效果

【例 7-4】　*选择器应用实例(其代码见文件 chapter07_04.html)。

本例代码如下：

```
<!DOCTYPE html>
<html>
    <head>
        <meta charset="utf-8">
        <title>选取所有元素</title>
        <script src="jquery-3.5.1.min.js">
        </script>
        <script>
        $(document).ready(function(){
            $("button").click(function(){
                $("*").hide();
            });
        });
        </script>
    </head>
    <body>
        <h1>标题</h1>
        <p>段落</p>
        <button>按钮</button>
    </body>
</html>
```

在选择器中用*作为参数。保存、运行程序并查看效果。单击按钮，页面上所有的元素都消失了。

7.2 应用层级选择器获取操作对象

层次选择器中的"层次"是指 DOM 元素的层次关系,jQuery 层次选择器可以快速地定位与指定元素具有层次关系的元素,包括子元素选择器、祖先后代选择器以及兄弟选择器,他们返回的都是元素集合,具体说明见表 7-2。

表 7-2 层级选择器说明表

选 择 器	描 述	返 回 值
parent>child	子元素选择器	元素集合
selector selector1	祖先后代选择器	元素集合
pre+next	兄弟选择器	元素集合
pre~siblings	兄弟选择器	元素集合

下面首先通过一个示例来讲解一下层次关系。在下面这段代码中,我们将最外层的 div 元素当作默认的元素,子元素、后代元素以及兄弟元素都是相对于该 div 元素而言的。

【例 7-5】 应用层级选择器获取操作对象应用实例(其代码见文件 chapter07_05.html)。

本例代码如下:

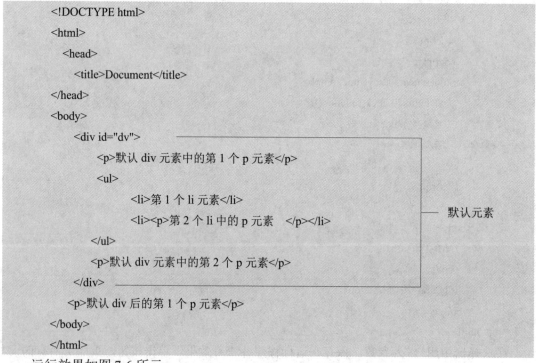

```html
<!DOCTYPE html>
<html>
  <head>
    <title>Document</title>
  </head>
  <body>
    <div id="dv">
      <p>默认 div 元素中的第 1 个 p 元素</p>
      <ul>
        <li>第 1 个 li 元素</li>
        <li><p>第 2 个 li 中的 p 元素   </p></li>
      </ul>
      <p>默认 div 元素中的第 2 个 p 元素</p>
    </div>
    <p>默认 div 后的第 1 个 p 元素</p>
  </body>
</html>
```

默认元素

运行效果如图 7-6 所示。

这段代码的层级结构图如图 7-7 所示，从默认元素 div 开始，它是两个 p 和一个 ul 的父节点，是两个 li 以及 li 下层的 p 标签的祖先节点。

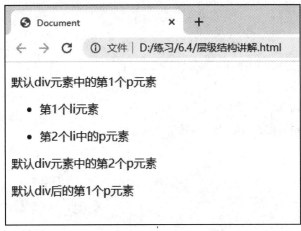

图 7-6　运行效果图

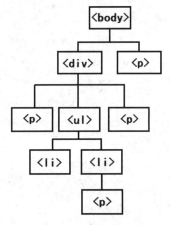

图 7-7　层级结构图

7.2.1　子元素选择器

子元素选择器可以选取指定父元素的所有子元素，子元素必须包含在父元素中。父元素指向子元素用 "＞" 进行连接。

子元素选择器

语法如下：

```
parent > child
```

示例：使用 form > input 可以选择表单中所有的下一层 input 元素。

在图 7-8 所示的网页源代码中使用子元素选择器，可以改变特定子元素的样式。应用实例如例 7-6 所示，其效果如图 7-9 所示。

图 7-8　网页运行效果图

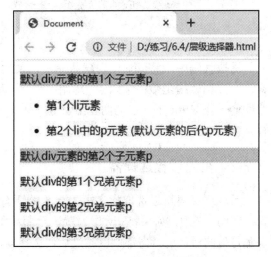

图 7-9　网页最终效果图

【例 7-6】　子元素选择器应用实例(其代码见文件 chapter07_06.html)。

本例代码如下：

```
<!DOCTYPE html>
<html>
    <head>
        <title>Document</title>
        <script src="jquery-3.5.1.min.js"></script>
        <script>
            $(document).ready(function(){
                $('#mr>p').css('backgroundColor', 'pink');    //设置背景粉色
            });
        </script>


    </head>
    <body>
        <div id="mr">
            <p>默认 div 元素的第 1 个子元素 p</p>
            <ul>
                <li>第 1 个 li 元素</li>
                <li><p>第 2 个 li 中的 p 元素（默认元素的后代 p 元素） </p></li>
            </ul>
            <p>默认 div 元素的第 2 个子元素 p</p>
        </div>
        <p>默认 div 的第 1 个兄弟元素 p</p>
        <p>默认 div 的第 2 兄弟元素 p</p>
        <p>默认 div 的第 3 兄弟元素 p</p>
    </body>
</html>
```

这段代码中，将 div 作为默认元素，使用子元素选择器获得该 div 下一层的所有 p 元素。在文档就绪函数中加入语句，由于默认 div 元素的 id 属性为"mr"，通过子元素选择器#mr>p 获取 mr 下一层的两个 p 元素，然后通过 CSS 事件设置元素样式，为其添加粉色背景。

7.2.2 祖先后代选择器

后代选择器可以选取指定祖先元素的所有指定类型的后代元素。在图 7-7 中，如果将 div 作为默认元素，那么其下面所有的节点都是他的后代元素，都可以通过后代选择器获取。

祖先后代选择器

语法：

ancestor	descendant

将图 7-8 原始网页修饰成如图 7-10 所示的效果。

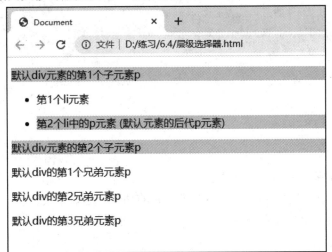

图 7-10　网页运行效果图 1

从效果图可以看出，需要为默认元素 div 的所有后代 p 元素添加背景颜色。因此需要使用后代选择器获得 mr 的所有后代 p 元素，包括下一层的两个 p 元素以及子元素 ul 中的一个 p 元素。实现以上效果的实例如例 7-7 所示。

【例 7-7】　祖先后代选择器应用实例(其代码见文件 chapter07_07.html)。

本例代码如下：

```
<!DOCTYPE html>
<html>
    <head>
    <title>Document</title>
    <script src="jquery-3.5.1.min.js"></script>
    <script>
      $(document).ready(function(){
          $('#mr   p').css('backgroundColor', 'pink');
      });
    </script>
    </head>
    <body>
      <div id="mr">
        <p>默认 div 元素的第 1 个子元素 p</p>
        <ul>
            <li>第 1 个 li 元素</li>
            <li><p>第 2 个 li 中的 p 元素 (默认元素的后代 p 元素)   </p></li>
        </ul>
        <p>默认 div 元素的第 2 个子元素 p</p>
      </div>
```

```
                <p>默认 div 的第 1 个兄弟元素 p</p>
                <p>默认 div 的第 2 兄弟元素 p</p>
                <p>默认 div 的第 3 兄弟元素 p</p>
        </body>
    </html>
```

7.2.3　兄弟选择器

兄弟选择器

1. +选择器(紧邻兄弟)

如果需要选择紧接在某一个元素后的一个元素，并且二者有相同的父元素，则可以使用兄弟(前+后)选择器。它的功能是选取紧接在指定元素后面的下一个元素，两个选择器用"+"号进行连接。

语法：

```
prev + next
```

2. ～选择器(前～兄弟选择器)

如果需要选择在某一个元素后的所有与其具有相同父元素的元素，可以使用另一种兄弟选择器，即用波浪线将两个选择器相连，作用是查找某一个指定元素的后面的所有兄弟结点。

语法：

```
prev～siblings
```

将图 7-8 原始网页修饰成如图 7-11 所示的效果。

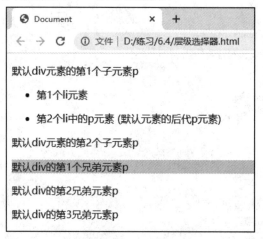

图 7-11　网页运行效果图 2

从效果图可以看出，任务需要为默认元素 div 后的一个兄弟 p 元素添加背景颜色粉色，因此可以使用紧邻兄弟选择器。

用"+"连接 mr 和 p，形成前后兄弟选择器，这样会获得与默认 div 具有相同父元素的相邻下一个 p 标签。实现以上效果的实例如例 7-8 所示。

【例 7-8】　兄弟选择器应用实例 1(其代码见文件 chapter07_08.html)。

本例代码如下：

```html
<!DOCTYPE html>
<html>
    <head>
        <title>Document</title>
        <script src="jquery-3.5.1.min.js"></script>
        <script>
            $(document).ready(function(){
                $('#mr+p').css('backgroundColor', 'pink');
            });
        </script>
    </head>
    <body>
        <div id="mr">
            <p>默认 div 元素的第 1 个子元素 p</p>
            <ul>
                <li>第 1 个 li 元素</li>
                <li><p>第 2 个 li 中的 p 元素（默认元素的后代 p 元素）</p></li>
            </ul>
            <p>默认 div 元素的第 2 个子元素 p</p>
        </div>
        <p>默认 div 的第 1 个兄弟元素 p</p>
        <p>默认 div 的第 2 兄弟元素 p</p>
        <p>默认 div 的第 3 兄弟元素 p</p>
    </body>
</html>
```

将图 7-8 原始网页修饰成如图 7-12 所示的效果。

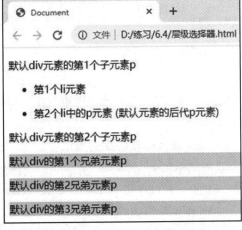

7-12　网页运行效果图 3

从效果图可以看出，任务需要为默认元素 div 后的所有兄弟 p 元素添加背景颜色粉色，因此可以使用(前～兄弟)兄弟选择器。用～连接 mr 和 p，这样会获得与默认 mr　div 后面所有的兄弟 p 元素。实现以上效果的实例如例 7-9 所示。

【例 7-9】　兄弟选择器应用实例 2(其代码见文件 chapter07_09.html)。

本例代码如下：

```html
<!DOCTYPE html>
<html>
    <head>
        <title>Document</title>
        <script src="jquery-3.5.1.min.js"></script>
        <script>
            $(document).ready(function(){
                $('#mr～p').css('backgroundColor', 'pink');
            });
        </script>
    </head>
    <body>
        <div id="mr">
            <p>默认 div 元素的第 1 个子元素 p</p>
            <ul>
                <li>第 1 个 li 元素</li>
                <li><p>第 2 个 li 中的 p 元素 (默认元素的后代 p 元素)　</p></li>
            </ul>
            <p>默认 div 元素的第 2 个子元素 p</p>
        </div>
        <p>默认 div 的第 1 个兄弟元素 p</p>
        <p>默认 div 的第 2 兄弟元素 p</p>
        <p>默认 div 的第 3 兄弟元素 p</p>
    </body>
</html>
```

7.3　应用过滤选择器获取操作对象

在 jQuery 中，可以使用过滤选择器对选取的数据进行过滤，从而选择更明确的元素，即选择以后再进一步过滤，从而缩小搜索元素的范围。过滤选择器主要是通过特定的过滤规则来筛选出所需的 DOM 元素的，都以 ":" 开头。

语法：

```
$(选择器:过滤器)
```

　　jQuery 的过滤选择器可以分为基本过滤、内容过滤、可见性过滤、属性过滤、子元素过滤选择器等。本节主要讲授其中的基本过滤选择器、内容过滤选择器和属性过滤选择器。

7.3.1　基本过滤选择器

基本过滤选择器

1．:first 过滤选择器

:first 过滤选择器的功能是匹配找到的第一个元素。写法是一个冒号加上 first，用法是将其写在选择器后面。

示例：

```
$("tr:first") ;
```

说明：表示选取表格的第一行。就是首先匹配到表格中的行，然后过滤出第一行。

如图 7-13 所示，页面定义了一个表格。

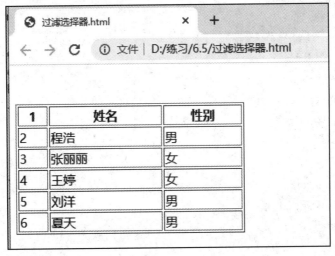

图 7-13　定义的表格

网页源代码如下：

```
<!DOCTYPE html>
<html>
    <head>
        <meta charset="utf-8">
    </head>
    <body>
    <table border="1" width="300">
        <tr>
            <th>1</th>
            <th>姓名</th>
            <th>性别</th>
        </tr>
```

```
    <tr>
        <td>2</td>
        <td>程浩</td>
        <td>男</td>
    </tr>
    <tr>
        <td>3</td>
        <td>张丽丽</td>
        <td>女</td>
    </tr>
    <tr>
        <td>4</td>
        <td>王婷</td>
        <td>女</td>
    </tr>
    <tr>
        <td>5</td>
        <td>刘洋</td>
        <td>男</td>
    </tr>
    <tr>
        <td>6</td>
        <td>夏天</td>
        <td>男</td>
    </tr>
    </table>
    </body>
</html>
```

:first 过滤选择器应用实例如例 7-10 所示,在文档就绪函数中写 jQuery 代码,tr 标签代表了表格的行,使用:first 过滤选择器选取第一个 <tr> 元素 ,使其底色变为黄色。调用 CSS 方法使匹配的元素的背景色变成黄色,其效果如图 7-14 所示。

【例 7-10】:first 过滤选择器应用实例(其代码见文件 chapter07_10.html)。

本例代码如下:

```
<script src="jquery-3.5.1.min.js"></script>
    <script>
        $(document).ready(function(){
            $("tr:first").css("background-color","yellow");
        });
    </script>
```

图 7-14　运行效果图 1

2. :last 过滤选择器

:last 过滤选择器的功能是匹配找到的最后一个元素。它与:first 相对应，写法是一个冒号加上 last。

示例：

```
$("tr:last")
```

说明：表示选取表格的最后一行，及首先匹配到表格中的行，然后过滤出最后一行。

:last 过滤选择器应用实例如例 7-11 所示，将例 7-10 代码中的 first 换成 last，变成:last 过滤器，这样可以选取最后一个 tr 元素，使其底色变为黄色，显示效果如图 7-15 所示。

【例 7-11】　:last 过滤选择器应用实例(其代码见文件 chapter07_11.html)。

本例代码如下：

```
<script src="jquery-3.5.1.min.js"></script>
    <script>
        $(document).ready(function(){
            $("tr:last ").css("background-color","yellow");
        });
    </script>
```

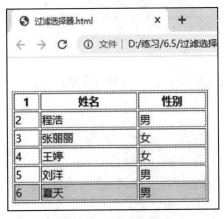

图 7-15　运行效果图 2

3. :even 过滤选择器

:even 过滤选择器的功能是匹配所有索引值为偶数的元素。索引值从 0 开始计数,其返回的值为集合元素。其写法是一个冒号加上 even。

示例:

```
$("tr:even")
```

说明:表示选取表格下标位置为偶数的行。

:even 过滤选择器应用实例如例 7-12 所示,将例 7-11 代码中的 last 换成 even,变成:even 过滤器,可以选取偶数位置的 tr 元素,使其底色变为黄色。由于是从 0 开始计数,那么在这个表格中,匹配到的是第 1、3、5 行,将 last 换成 even,变成:even 过滤选择器,可以选取偶数位置的 tr 元素,使其底色变为黄色,显示效果如图 7-16 所示。

【例 7-12】 :even 过滤选择器应用实例(其代码见文件 chapter07_12.html)。

本例代码如下:

```
<script src="jquery-3.5.1.min.js"></script>
<script>
        $(document).ready(function(){
         $("tr:even ").css("background-color","yellow");
        });
</script>
```

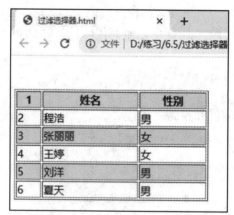

图 7-16 运行效果图 3

4. :odd 过滤选择器

:odd 过滤选择器的功能是匹配所有索引值为奇数的元素,从 0 开始计数,返回值为集合元素。其写法是一个冒号加上 odd。

示例:

```
$("tr:odd")
```

说明:表示选取表格下标位置为奇数的行。

:odd 过滤选择器应用实例如例 7-13 所示,将例 7-12 代码中的 even 换成 odd,变成:odd 过滤器,可以选取奇数位置的 tr 元素,使其底色变为黄色。由于是从 0 开始计数,匹配到的偶数下标对应的是第 2、4、6 行,显示效果如图 7-17 所示。

【例 7-13】 :odd 过滤选择器应用实例(其代码见文件 chapter07_13.html)。
本例代码如下：

```
<script src="jquery-3.5.1.min.js"></script>
<script>
    $(document).ready(function(){
        $("tr:odd ").css("background-color","yellow");
    });
</script>
```

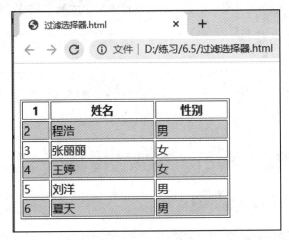

图 7-17 运行效果图 4

5. :header 过滤选择器

:header 过滤选择器的功能是匹配如 h1、h2、h3 之类的标题元素。其写法是一个冒号加上 header。

示例：

```
$(":header").css("background", "pink")
```

说明：获取标题元素，使其背景颜色变成粉色。

:header 过滤选择器应用实例如例 7-14 所示，页面定义了两个标题元素 h1 和 h2，在文档就绪函数使用 header 过滤选择器，调用 CSS 方法，使匹配元素的背景色变成粉色，文字变成蓝色，实现效果如图 7-18 所示。

【例 7-14】 :header 过滤选择器应用实例(其代码见文件 chapter07_14.html)。
本例代码如下：

```
<!DOCTYPE html>
<html>
    <head>
        <meta charset="utf-8">
        <script src="jquery-3.5.1.min.js"></script>
        <script>
            $(document).ready(function(){
```

```
                    $(":header").css({background:'pink',color:'blue'});
            });
        </script>
    </head>
    <body>
        <h1>第一章 jQuery 过滤选择器</h1>
        <h2>第一节 基本选择器</h2>
        <p>
        过滤选择器主要是通过特定的过滤规则来筛选出所需的 DOM 元素。</p>
    </body>
</html>
```

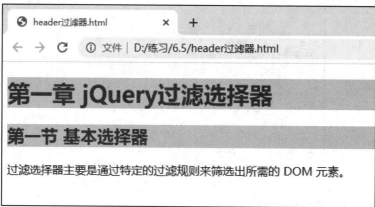

图 7-18　运行效果图

7.3.2　内容过滤选择器

　　元素的内容是指它所包含的子元素或文本，使用内容过滤选择器可根据元素的内容来获取元素。内容过滤选择器主要有 contains 过滤选择器、empty 过滤选择器、has 过滤选择器和 parent 过滤选择器，它们的返回值都是元素集合，具体说明见表 7-3。

内容过滤选择器

表 7-3　内容过滤选择器表

内容过滤选择器	描　　述	返 回 值
:contains(text)	获取包含给定文本的元素	元素集合
:empty	获取所有不包含子元素或空元素	元素集合
:has(selector)	获取含有选择器匹配的元素	元素集合
:parent	获取含有子元素或文本的元素	元素集合

1．:contains(text)过滤选择器

:contains(text)过滤选择器的功能是获取包含给定文本的元素。

示例：

:contains(ok)

获取文本中包含内容"ok"的元素。

网页中定义了一个 5 行 4 列的表格，显示了图书的信息。:contains(text)过滤选择器的应用实例如例 7-15 所示，编写 jQuery 代码，将包含"java"的单元格的背景颜色设置成蓝色。效果如图 7-19 所示。

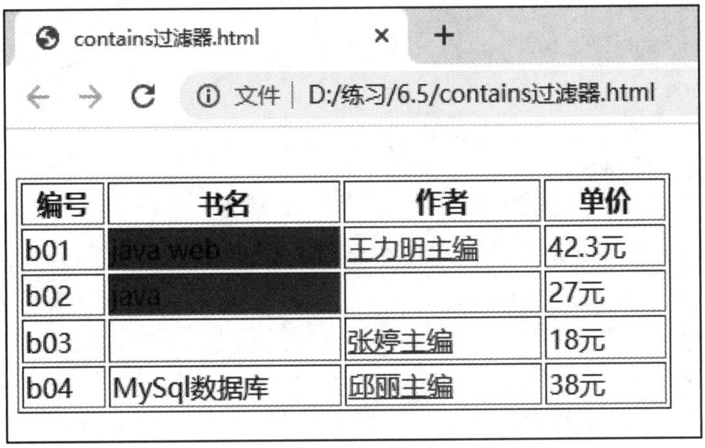

图 7-19 运行效果图

【例 7-15】 :contains(text)过滤选择器应用实例(其代码见文件 chapter07_15.html)。
本例代码如下：

```html
<!DOCTYPE html>
<html>
  <head>
    <script src="jquery-3.5.1.min.js"></script>
    <script>
        $(document).ready(function(){
              $("td:contains(java)").css("background","blue" )
        });
    </script>
  </head>
<body>
    <table    width="400"   border="1">
    <tr>
          <th>编号</th><th>书名</th><th>作者</th><th>单价</th>
    </tr>
    <tr>
          <td>b01</td>
          <td>java web</td>
```

```
        <td><a href="#">王力明主编</a></td>
        <td>42.3 元</td>
    </tr>
    <tr>
        <td>b02</td>
        <td>java</td>
        <td></td>
        <td>27 元</td>
    </tr>
    <tr>
        <td>b03</td>
        <td></td>
        <td><a href="#">张婷主编</a></td>
        <td>18 元</td>
    </tr>
    <tr>
        <td>b04</td>
        <td>MySql 数据库</td>
        <td><a href="#">邱丽主编</a></td>
        <td>38 元</td>
    </tr>
    </table>
    </body>
    </html>
```

在文档就绪函数中使用:contains(text)过滤选择器$("td:contains(java)")，调用 CSS 方法添加蓝色背景色。运行程序，可以看见所有的包含文本 java 的单元格变成蓝色了。

2. :has(selector)过滤选择器

:has(selector)过滤选择器的功能是匹配含有选择器所匹配的元素。

网页中定义了一个 5 行 4 列的表格，表格中显示了图书的信息。:has(selector)过滤选择器的应用实例如例 7-16 所示，编写 jQuery 代码，使所有匹配含有 a 元素的单元格变成灰色，效果如图 7-20 所示。

【例 7-16】 :has(selector)过滤选择器应用实例(其代码见文件 chapter07_16.html)。

jQuery 部分代码如下：

```
<script>
    $(document).ready(function(){
        $("td:has(a)").css("background","gray" )
    });
</script>
```

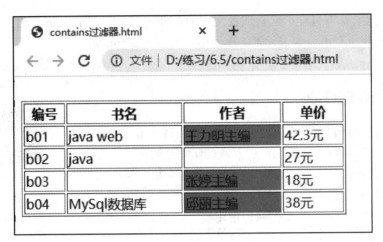

图 7-20 运行效果图

使用:has(selector)过滤选择器，在 td 后面加上:has(a)，实现选择所有包含 a 标签的单元格，css("background","gray")实现使所匹配的元素背景变成灰色。

3．:empty 过滤选择器

:empty 过滤选择器的功能是匹配所有不包含子元素或者文本的空元素。

网页中定义了一个 5 行 4 列的表格，表格中显示了图书的信息。:empty 过滤选择器的应用实例如例 7-17 所示，编写 jQuery 代码，将没有内容的单元格的背景颜色设置成灰色，效果如图 7-21 所示。

图 7-21 运行效果图

【例 7-17】:empty 过滤选择器应用实例(其代码见文件 chapter07_17.html)。
jQuery 部分代码如下：

```html
<script>
    $(document).ready(function(){
        $("td:empty").css("background","gray")
    });
</script>
```

如果想匹配所有不包含子元素或者文本的单元格，需要使用:empty 过滤选择器。用 $("td:empty")选择所有不包含子元素的单元格，CSS("background","gray")实现使所匹配的元素背景变成灰色。

7.3.3 属性过滤选择器

属性过滤选择器的功能是通过元素的属性来筛选元素，使用方式是将过滤规则包裹在"[ ]"中。通过属性过滤选择器可以获取包含给定属性的元素，也可以获取包含某个特定属性值的元素。具体说明见表 7-4。

属性过滤选择器

表 7-4 常用属性过滤选择器表

属性过滤选择器	描　　述	返 回 值
[attribute]	获取包含给定属性的元素	元素集合
[attribute=value]	获取等于给定的属性是某个特定值的元素	元素集合
[attribute!=value]	获取不等于给定的属性是某个特定值的元素	元素集合
[attribute^=value]	获取给定的属性是以某些值开始的元素	元素集合

原始页面如图 7-22 所示，页面定义了 4 个 div 元素，中间两个具有 id 属性。使用属性过滤选择器可以为所有具有 id 属性的 div 标签添加绿色点线边框。应用实例如例 7-18 所示，其效果如图 7-23 所示。

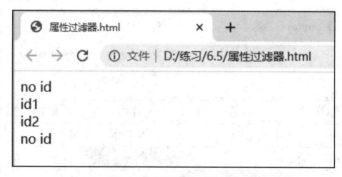

图 7-22 原始页面效果图

【例 7-18】 属性过滤选择器应用实例 1(其代码见文件 chapter07_18.html)。
本例代码如下：

```
<!DOCTYPE html>
<html>
  <head>
    <script src="jquery-3.5.1.min.js"></script>
    <script>
      $(document).ready(function() {
        $('div[id]').css("border", "2px dotted green");
      });
```

```
        </script>
    </head>
    <body>
        <div>no id</div>
        <div id="id1">id1</div>
        <div id="id2">id2</div>
        <div>no id</div>
    </body>
</html>
```

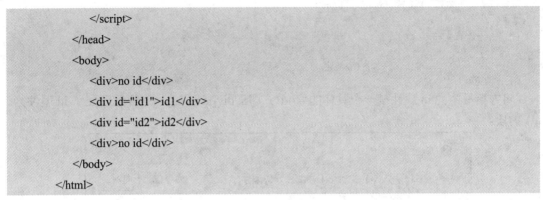

图 7-23　运行效果图

　　要选取所有带"id"属性的 div 标签，可以使用属性过滤选择器 div[id]获取元素。然后调用 css 方法，设置参数"border"、"2px dotted green"实现添加绿色点线边框。

　　在图 7-22 的原始网页中，为所有 id 属性等于"id1"的 div 标签添加绿色点线边框。可以使用[attribute=value]实现获取等于给定的属性是某个特定值的元素，应用实例如例 7-19 所示，其效果如图 7-24 所示。

　　【例 7-19】　属性过滤选择器应用实例 2(其代码见文件 chapter07_19.html)。

本例代码如下：

```
<!DOCTYPE html>
<html>
    <head>
        <script src="jquery-3.5.1.min.js"></script>
    </head>
    <body>
        <div>no id</div>
        <div id="id1">id1</div>
        <div id="id2">id2</div>
        <div>no id</div>
        <script>
            $(document).ready(function() {
                $('div[id=id1]').css("border", "2px dotted green");
```

```
        });
    </script>
    </body>
</html>
```

将方括号中的 id 属性赋一个具体的值 id1，即$('div[id=id1]')，这样就匹配了 id 属性为 id1 的段。

图 7-24　运行效果图

7.4　综 合 案 例

下面通过"列车时刻表"综合案例，来进一步理解本章涉及的知识点与技术点。如图 7-25 所示，网页主体由一个标题和一个表格组成，表格的 1、3、5 行背景颜色为#CCCCFF，第 2、4 行背景颜色为#E8CCFF，相关代码如例 7-20 所示。

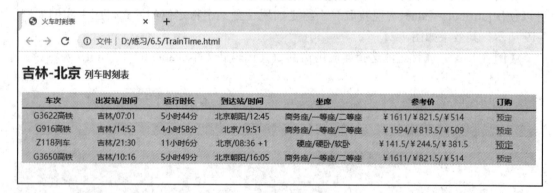

图 7-25　列车时刻表运行效果图

【例 7-20】　综合案例(其代码见文件 chapter07_20.html)。

本例代码如下：

```
<!DOCTYPE html >
<html>
    <head>
        <meta charset="utf-8">
        <title>火车时刻表</title>
```

```
<style type="text/css">
    /*设置表格整体样式*/
    table{ border:0;border-collapse:collapse;}
    /*设置单元格的样式*/
    td{
        width:110px;
        font-size:14px;
        font-family: "微软雅黑";
        padding:2px;
        text-align: center;
    }
    /*设置表头的样式*/
    th{
        font-size:14px;
        padding:4px;
        border-bottom:2px solid #003C9D ;
    }
    /*设置坐席和参考价列样式*/
    th.long{
        width:170px;
    }
    /*设标题样式*/
    .hd{
        color:#0044BB;
        font-weight: bold;
    }
    .odd{background:#E8CCFF;}        /*设置奇数样式*/
    .even{background:#CCCCFF;}       /*设置偶数样式*/
    .money{color:#0044BB;}           /*设置参考价单元格样式*/
    h2 span{
        color: red;
        font-size:16px;
    }
    a:link,a:visited{
        color: red;
        text-decoration: none;
    }
    /*设置鼠标移到行的样式*/
    .hov{
```

```
                text-decoration: underline;
                font-size: 16px;
            }
        </style>
        <script src="jquery-3.5.1.min.js"></script>
        <script type="text/javascript">
            $(document).ready(function(){
                $(":header").addClass("hd");          //为标题添加样式
                $("tr:odd").addClass("odd");          //为 2、4 行添加样式
                $("tr:even").addClass("even");        //为 1、3、5 添加样式
                $("td:contains(￥)").addClass("money");        //内容过滤添加样式
                $("td:has(a)").hover(                          //为表格主体每行绑定 hover 方法
                    function() {$(this).addClass("hov");},
                    function() {$(this).removeClass("hov");}
                );
            });
        </script>
    </head>
    <body>
        <h2>吉林-北京 <span>列车时刻表</span></h2>
        <table>
            <tr class="one">
                <th>车次</th>
                <th>出发站/时间</th>
                <th>运行时长</th>
                <th>到达站/时间</th>
                <th class="long">坐席</th>
                <th class="long">参考价</th>
                <th>订购</th>
            </tr>
            <tr class="two">
                <td >G3622 高铁</td>
                <td>吉林/07:01</td>
                <td>5 小时 44 分</td>
                <td>北京朝阳/12:45</td>
                <td>商务座/一等座/二等座</td>
                <td>￥1611/￥821.5/￥514</td>
                <td><a href="#">预定</a></td>
            </tr>
```

```
        <tr class="two">
            <td>G916 高铁</td>
            <td>吉林/14:53</td>
            <td>4 小时 58 分</td>
            <td>北京/19:51</td>
            <td>商务座/一等座/二等座</td>
            <td>￥1594/￥813.5/￥509</td>
            <td><a href="#">预定</a></td>
        </tr>
        <tr class="two">
            <td>Z118 列车</td>
            <td>吉林/21:30</td>
            <td>11 小时 6 分</td>
            <td>北京/08:36 +1</td>
            <td >硬座/硬卧/软卧</td>
            <td >￥141.5/￥244.5/￥381.5</td>
            <td><a href="#">预定</a></td>
        </tr>
        <tr class="two">
            <td >G3650 高铁</td>
            <td>吉林/10:16</td>
            <td>5 小时 49 分</td>
            <td>北京朝阳/16:05</td>
            <td>商务座/一等座/二等座</td>
            <td>￥1611/￥821.5/￥514</td>
            <td><a href="#">预定</a></td>
        </tr>
    </table>
</body>
</html>
```

本 章 小 结

　　本章讲授了基本选择器、层级选择器、过滤选择器的相关功能、原理及使用方法。基本选择器包括 id 选择器、class 选择器、元素选择器和*选择器；层级选择器包括子元素选择器、祖先后代选择器以及+和～两个兄弟选择器；过滤选择器包括基础过滤选择器、内容过滤选择器和属性过滤选择器。通过学习，我们进一步掌握了如何通过各种过滤选择器获取元素，以及了解了两个兄弟选择器的区别。

习 题 与 实 践

一、选择题

1. 下面哪种不是 jQuery 的选择器？(　　)

A. 基本选择器　　　　　　　　　B. 图形选择器

C. 类选择器　　　　　　　　　　D. id 选择器

2. 根据给定类名匹配元素的选择器是(　　)。

A. id 选择器　　　　　　　　　　B. 类选择器

C. 元素选择器　　　　　　　　　D. 标签选择器

3. 下列选项中，可以用来获取所有表单的选择器是(　　)。

A. :input　　　　B. :form　　　　C. :all　　　　D. :odd

4. 下列有关 jQuery 选择器的说法错误的是(　　)。

A. 使用:only-child 选择器只能获取一个子元素

B. :first-child 与:first 选择器都能用来获取 ul 列表下的 li 元素

C. prev~siblings 选择器与 siblings()方法的使用效果一致

D. parent > child 选择器与 children()方法的使用效果一致

5. $("div span")表示的是(　　)。

A. 选取<div>里所有的<span>元素

B. 选取<div>下的直接<span>子元素，而不是所有<span>元素

C. 选取<div>元素和<span>元素

D. 选取所有<span>元素

二、简答题

1. jQuery 选择器包含哪几大类？

2. jQuery 过滤选择器包含哪几大类？

三、实践演练

打开素材"测试.html"，编写 jQuery 代码，实现如下效果，完整效果如图 7-26 所示。

1. 改变第一个 div 元素的背景色为#FFE4C4。

2. 改变最后一个 div 元素的背景色为#FFD700。

3. 改变表格中索引值为偶数的行的背景色为#5555FF。

4. 改变表格中索引值为奇数的行的背景色为#CC00FF。

5. 改变所有的标题元素的背景色为#AA0000。

6. 改变含有文本"5"的 div 元素的文本颜色为#8B4513。

7. 给所有包含 p 元素的 div 标签的背景色设为#0000FF。

8. 用子元素过滤器实现给 div 里面的 p 元素加上绿色虚线边框，宽度为 1 px。

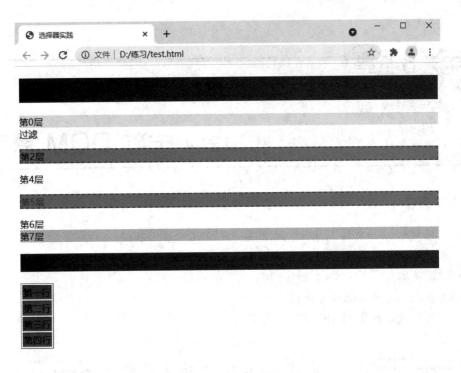

图 7-26　运行效果图

jQuery 中的 DOM 操作

 学习目标

✦ 掌握 jQuery 操作样式属性、元素类、元素尺寸的方法;
✦ 掌握获取和设置元素 HTML 内容和文本的方法;
✦ 掌握获取和设置表单的值的方法;
✦ 掌握操作元素属性的方法;
✦ 掌握用 jQuery 操作 DOM 节点的方法。

8.1 应用 jQuery 操作元素样式

jQuery 提供了专门操作元素样式属性的 css()方法。利用该方法可以很容易地修改 style 样式里的属性,包括获取样式属性值、设置样式属性值,还可以通过函数设置样式属性值。

8.1.1 操作样式属性

1. 获取样式属性值

获取样式属性使用 css()方法,把样式的属性名作为参数传递到
css()方法中,即可以获取对应的样式值。获取单个属性就传递一个属
性名,获取多个属性就将属性名都传递过去,中间用逗号进行分割。

操作样式属性

语法:

> 获取多个属性: $(selector).css(['property1', 'property2'...])。
> 获取单个属性: $(selector).css('property')。

说明:

(1) 属性名以数组的形式传入 css()方法中;
(2) 返回的结果是对象的属性名和属性值。

2. 设置样式属性值

设置样式属性值也是使 css()方法,把样式的属性名和值一起作为参数递到 css()方法
中,即可设置成功。设置单个属性时,参数为一个键值对儿,即元素样式属性名和对应的
属性值;设置多个属性时,包含多个键值对儿,每个键值对儿都是元素样式属性名以及对
应的属性值。

语法：

> 设置单个样式属性：　$(selector).css('property', 'value');
>
> 设置多个样式属性：　$(selector).css({'property'：'value', 'property'：'value', ...});

如图 8-1 所示，页面定义了一个段落和 1 个按钮。要实现如下效果：点击"点击变化"按钮，文本变成蓝色，并且字体变大一倍。css()方法可以实现字体大小的改变，应用实例如例 8-1 所示，其效果如图 8-2 所示。

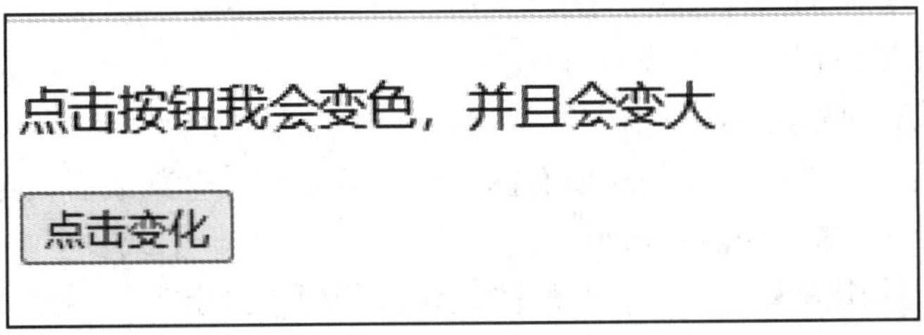

图 8-1　网页最初效果

【例 8-1】　设置样式属性值的应用实例(其代码见文件 chapter08_01.html)。

本例代码如下：

```
<!DOCTYPE html>
<html>
    <head>
        <script type="text/javascript" src="jquery-3.5.1.min.js"></script>
        <script type="text/javascript">
            $(document).ready(function(){
                $("button").click(function(){
                    $("p").css({"background-color":"blue","font-size":"200%"});
                });
            });
        </script>
    </head>
    <body>
        <p>点击按钮我会变色，并且会变大</p>
        <button type="button">点击变化</button>
    </body>
</html>
```

图 8-2　网页运行效果

编写 jQuery 代码，用元素选择器获取网页中的文本对象，调用 css()方法，将样式名 background-color 和值 bule、样式名 font-size 和值 200%传入 css()方法。保存并运行，然后查看效果。可以发现，点击按钮文字变大，同时变成了蓝色。

8.1.2 操作元素类

操作元素类

jQuery 提供了专门的操作类的方法，包括添加类、移除类、切换类以及判断某个类是否存在等常用的方法。

- addClass()方法的功能是将指定的类添加到匹配元素中。
- removeClass()方法的功能是从所有匹配的元素中删除全部或者指定的类。
- toggleClass()方法的功能是对设置或移除被选元素的一个或多个类进行切换。
- hasClass 方法用来确定是否有匹配的元素被分配了给定类。

1. addClass()方法

addClass()方法可以实现在保留已有的样式上再添加新的一些样式，使用方法是将类名作为参数传入 addClass()方法。如果要添加多个类，就使用空格将类名隔开。示例如下：

```
$(selector).addClass('c');
```

添加多个类：使用空格隔开，调用 addClass()方法后，元素将具备这几个类定义的样式。示例如下：

```
$(selector).addClass('c1 c2 c3');
```

2. removeClass()方法

removeClass()方法用来移除一些元素已经存在的类。如果 removeClass()方法没有参数，则代表移除所有类；如果想要移除一个或多个指定的类，就将类名作为参数传入 removeClass()方法。同样，多个类名之间用空格隔开。

示例：

```
移除所有类：$(selector).removeClass();
移除单个类：$(selector).removeClass('c1');
移除多个类：$(selector).removeClass('c1 c2 c3');
```

3. toggleClass()方法

toggleClass()方法的功能是切换增加和取消该样式，即指定元素中若没有该样式则添加，有则取消。

语法：

```
$(selector).toggleClass('c')
```

参数说明：c 表示一个自定义的类。

说明：指定元素中若没有 c，则添加，否则执行移除操作。

如图 8-3 所示，页面定义了一个段落和三个按钮。要实现如下效果：点击"添加样式"按钮，给段落添加黄色背景色，并使文字变成红色；点击"删除样式"按钮，将文本添加的样式取消；点击"切换样式"按钮，可以实现文本样式的切换。实现案例如例 8-2 所示，其效果如图 8-4 和图 8-5 所示。

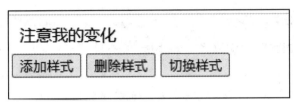

图 8-3　网页最初效果

【例 8-2】　toggleClass()方法应用实例(其代码见文件 chapter08_02.html)。

本例代码如下:

```
<!DOCTYPE html>
<html>
  <head>
    <style>
        p { margin: 8px; font-size:16px; }
        .selected { color:red; }
        .highlight { background:yellow; }
    </style>
    <script type="text/javascript" src="jquery-3.5.1.min.js"></script>
  </head>
  <body>
    <p>注意我的变化</p>
    <button id="addClass">添加样式</button>
    <button id="removeClass">删除样式</button>
    <button id="toClass">切换样式</button>
    <script>
      $("#addClass").click(function(){
          $("p").addClass("selected highlight");
      });
      $("#removeClass").click(function(){
          $("p").removeClass("selected highlight");
      });
      $("#toClass").click(function(){
          $("p").toggleClass("selected highlight");
      });
    </script>
  </body>
</html>
```

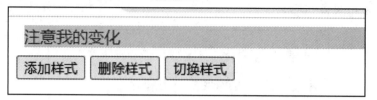

图 8-4　点击"添加样式"按钮效果

图 8-5　点击"删除样式"按钮效果

首先在页面定义 css 样式表，样式名 selected 定义文本颜色为红色，highlight 定义了背景色为黄色。用 id 选择器获取两个按钮对象，用 click 实现单击按钮的事件绑定。

编写 jQuery 代码，使用 addClass 方法给本文添加名称为 selected 的样式。将样式名 selected 和 highlight 作为参数传入 addClass 方法，实现这两个样式的添加，从而实现文本变色效果。使用 removeClass 方法可以移除样式的属性，将样式名 selected 和 highlight 作为参数传入 removeClass 方法。使用 toggleClass 方法可以切换样式的属性，将样式名 selected 和 highlight 作为参数传入 toggleClass 方法，即可以实现单击按钮添加样式，再单击按钮取消样式。运行并查看效果，点击切换样式按钮可以实现样式的添加与删除的切换。

8.1.3　操作元素尺寸

jQuery 中提供了操作元素尺寸的方法，例如将图片放大或者缩小。常用的操作元素尺寸的方法有 width()、height()、innerWidth()、innerHeight()、outerWidth()等，具体描述如表 8-1 所示。

操作元素尺寸

表 8-1　常用操作元素尺寸方法

方　法	描　述
width()	获取或设置元素的宽度
height()	获取或设置元素的宽度
innerWidth()	获取元素的宽度(包括内边距)
innerHeight()	获取元素的高度(包括内边距)
outerWidth()	获取元素的宽度(包括内边距和边框)
outerHeight()	获取元素的高度(包括内边距和边框)
outerWidth(true)	获取元素的宽度(包括内边距、边框和外边距)
outerHeight	获取元素的高度(包括内边距、边框和外边距)

8.2　应用 jQuery 操作标签内容

8.2.1　获取和设置元素 HTML 内容和文本

为元素设置内容有 html()和 text()两种方法。两者区别是：html()方法获取或者设置的文本内容包含标签；而 text()方法获取或者设置的文本内容不包含标签，获取和设置的只是纯文本内容。其中，获取文本内容的时候没有参数，设置文本内容的时候有参数。

获取和设置元素
HTML 内容和文本

语法：

> 获取元素文本内容的语句为：jQuery 对象. text();
>
> 获取元素 HTML 内容的语句为：jQuery 对象.html();
>
> 设置元素文本内容的语句为：jQuery 对象. text(字符串);
>
> 设置元素 HTML 内容的语句为：jQuery 对象.html(字符串)。

参数说明：括号里面的参数就是要设置的内容。

如图 8-6 所示，页面有一个段落和两个按钮，这个段落包含一对文字加粗效果的 b 标签。点击"显示文本"按钮，弹出消息框，上面显示段落的纯文本内容；如果点击"显示 HTML"按钮，消息框显示段落的 HTML 内容，包括 HTML 的 b 标签。实现案例如例 8-3 所示，其效果如图 8-7 和图 8-8 所示。

图 8-6　网页最初效果

【例 8-3】　获取和设置元素 HTML 内容和文本的应用实例(其代码见文件 chapter08_03.html)。

本例代码如下：

```
<!DOCTYPE html>
<html>
    <head>
        <meta charset="utf-8">
        <script src="jquery-3.5.1.min.js">
        </script>
        <script>
```

```
                    $(document).ready(function(){
                       $("#btn1").click(function(){
                          alert("Text: " + $("#test").text());
                       });
                       $("#btn2").click(function(){
                          alert("HTML: " + $("#test").html());
                       });
                    });
                 </script>
             </head>
             <body>
                 <p id="test">这是段落中的 <b>粗体</b> 文本。</p>
                 <button id="btn1">显示文本</button>
                 <button id="btn2">显示 HTML</button>
             </body>
         </html>
```

编写 jQuery 代码，由于两个按钮都有 id 属性，使用 id 选择器分别获取两个按钮。使用 click 单击事件调用函数弹出一个 alert 消息框，参数为显示的内容。

要显示的段落有 id 属性，因此我们使用 id 选择器获取它，然后分别调用 text()方法和 html()方法。运行并查看效果。如图 8-7 所示，点击"显示文本"按钮，调用 text()方法，弹出的消息框里显示的是纯文本内容。如图 8-8 所示，点击"显示 HTML"按钮，调用 html()方法，弹出的消息框里除了文本内容外，还包含了 b 标签。

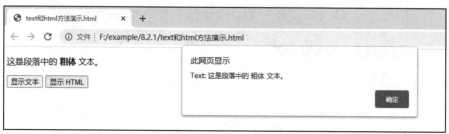

图 8-7　点击"显示文本"按钮效果

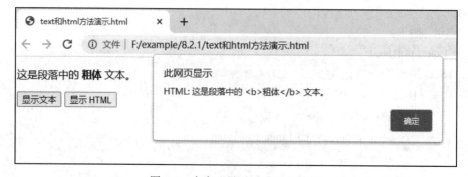

图 8-8　点击"显示 HTML"按钮

8.2.2   获取和设置表单的值

获取和设置表单的值

val()方法可以实现返回或设置表单元素的值。获取的表单元素的值是通过 value 属性设置的。该方法大多用于 input 元素。如果该方法未设置参数，则返回被选元素的当前值。

语法：

> 获取表单元素的值：$(selector).val( );
>
> 设置表单元素的值：$(selector).val(value);

如图 8-9 所示，页面有一个文本框和两个按钮，实现如下功能：点击"获取文本框的值"按钮，页面弹出警告框，上面显示了文本框里面的值；点击"设置文本框"按钮，文本框显示"设置新值成功"。实现案例如例 8-4 所示，其效果如图 8-10 和图 8-11 所示。

图 8-9   网页最初效果

【例 8-4】   获取和设置表单的值的应用案例(其代码见文件 chapter08_04.html)。

本例代码如下：

```html
<!DOCTYPE html>
<html>
    <meta charset="utf-8">
    <head>
        <script src="jquery-3.5.1.min.js">
        </script>
        <script>
            $(document).ready(function(){
                $("#b1").click(function(){
                    alert($("#test").val());
                });
                $("#b2").click(function(){
                    $("#test").val("设置新值成功");
                });
            });
        </script>
```

```
        </head>
        <body>
            <input type="text" id="test" value="jQuery 获得文本框的值框"><br><br>
            <button id='b1'>获取文本框的值</button><br><br>
            <button id='b2'>设置文本框的值</button>
        </body>
    </html>
```

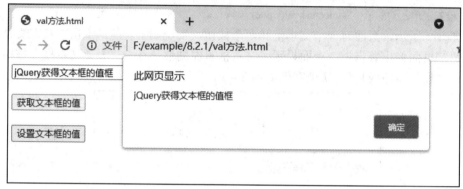

图 8-10　点击"获取文本框的值"按钮效果

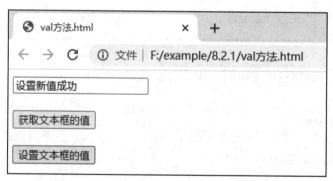

图 8-11　点击"设置文本框的值"按钮效果

　　"获取文本框的值"的按钮 id 属性值为 b1，因此使用$("#b1")获取按钮对象，再调用 click 方法，实现单击此按钮弹出警告框的效果。警告框采用 alert()方法实现，参数设置时通过 val()方法获取文本框的值并显示在弹出的警告框上面。同理，点击"设置文本框"按钮后，通过 id 选择器选择文本框对象，然后调用带参数的 val()方法给文本框设置值。

8.3　应用 jQuery 操作标签属性

8.3.1　获取元素属性值

　　获取元素属性值可以使用 attr()方法。这个方法有一个参数，其参数可以是元素的样式属性，也可以是其他属性。

获取元素属性值

语法：

> $(selector).attr('property')

参数说明：property：可以是元素的样式属性，如 style 等；也可以是其他属性，如 value 等。

8.3.2 设置元素属性值

设置参数属性值也使用 attr()方法。不同的是，设置属性值的时候，attr()方法的参数是成对出现的。设置单个属性值得时候，参数是一对属性的名称和属性值；设置多个属性的时候，参数是若干对属性的名称和属性值。

设置元素属性值

语法：

> 设置单个属性：$(selector).attr('属性的名称', '值');
>
> 设置多个属性：$(selector).attr({'属性的名称 1':'值 1','属性的名称 2':'值 2',……});

如图 8-12 所示，页面定义了一个图片和一个按钮。实现如下效果：点击按钮弹出警告框，上面显示图片的 src 属性值；点击图片，此图片切换成另一张图片。实现案例如例 8-5 所示，其效果如图 8-13 和图 8-14 所示。

图 8-12 网页最初效果

【例 8-5】 设置元素属性值的应用实例(其代码见文件 chapter08_05.html)。

本例代码如下：

```
<!DOCTYPE html>
<html>
    <head>
        <script src="jquery-3.5.1.min.js"></script>
    </head>
    <body>
        <img id="div_img" src="1.jpg">
```

```
<button>显示图片 src 属性值</button>
<script>
    $(document).ready(function(){
        $("button").click(function() {
            alert(   $("#div_img").attr("src") );
        });
        $("#div_img").click(function() {
            $("#div_img").attr("src", "2.jpg");
        });
    });
</script>
</body>
</html>
```

图 8-13　点击按钮效果

图 8-14　点击图片效果

首先实现获取元素属性。编写 jQuery 代码,使用元素选择器匹配 button 按钮标签,调用鼠标单击 click()方法进行事件绑定。然后在触发事件里使用 id 选择器匹配图片,调用 attr()方法获取图片的 scr 属性并且显示在 alert()实现的警告框里。这里需要注意,attr()方法中的属性名要加双引号。

然后实现设置元素属性,实现图片切换的原理是:通过改变图片标签的 src 属性的值,从而改变显示的图片。已知图片标签的 src 的相对地址为 1.jpg,且该标签具有 id 属性。在文档就绪函数里使用 id 选择器 #div_img 匹配图片元素,绑定单击事件后再次使用 id 选择器匹配该图片,调用 attr()方法,将属性名 src 和新图片的相对路径作为参数,保存并运行,查看效果。

点击按钮,弹出的警告框中显示了图片的 src 属性,点击图片,图片进行了切换。

8.3.3　改变和删除元素属性

改变和删除
元素属性

通过改变元素的状态属性,可以实现元素的选中状态。例如改变 checked 属性,可以实现获取或设置选择框的选中状态;改变 disabled 属性,可以获取或者设置文本框的禁用状态;改变 selected 属性,可以获取或设置下拉框的选中状态。元素常用状态属性如表 8-2 所示。

表 8-2　元素常用状态属性表

属　　性	描　　述
checked	获取或设置选择框的选中状态
disabled	获取或设置文本框的禁用状态
selected	获取或设置下拉框的选中状态

使用 removeAttr()方法可以删除 HTML 元素的属性。将属性名作为参数,即可删除该属性。实际应用中,我们可以通过删除元素的不可见属性使其显示出来。或者可以删除元素的不可编辑属性,使其变成可编辑状态。

语法:

```
jQuery 对象.removeAttr(属性名)
```

如图 8-15 所示,页面上选择框的当前选项是"选项 1",编辑框的状态为不可编辑。编写 jQuery 代码,实现如下效果:点击"切换选中状态"按钮,"选项 3"被选中;点击"可编辑"按钮,文本框变成可编辑状态。实现案例如例 8-6 所示,其效果如图 8-16 和图 8-17 所示。

图 8-15　网页最初效果

【例 8-6】 改变和删除元素属性的应用实例(其代码见文件 chapter08_06.html)。

本例代码如下：

```
<!DOCTYPE html>
<html>
    <head>
        <script src="jquery-3.5.1.min.js"></script>
        <script>
            $(document).ready(function(){
                $("#b1").click(function () {
                    $("#s1").removeAttr("selected");
                    $("#s3").attr("selected", "selected" );
                });
                $("#b2").click(function () {
                    $("#r1").removeAttr("disabled").focus() ;
                });
            });
        </script>
    </head>
    <body>
        <select id="xz">
            <option value="1"   selected="selected" id="s1">选项 1 </option>
            <option value="2" id="s2">选项 2 </option>
            <option value="3" id="s3">选项 3 </option>
        </select>
        <button id="b1">切换选中状态</button><br><br>
        <input type="text" disabled="disabled" id='r1'/>
        <button id="b2">可编辑</button>
    </body>
</html>
```

通过改变元素的状态属性和删除属性，可以实现任务要求的效果。在选择框中，"选项 1"所在的 option 标签中有 selected="selected"属性，因此它目前为被选中状态。使用 removeAttr()方法移除其选中状态。

用$("#b1")选择"切换选中状态"按钮，用$("#s1").removeAttr("selected"); 移除"选项 1"的选中状态，然后通过设置属性的 attr()方法，使用语句$("#s3").attr("selected", "selected") 将"选项 3"设置成被选中状态。

用$("#b2")选择"切换选中状态"按钮，再使用 removeAttr()方法移除 id 属性为 r1 的文本框的不可编辑属性，并用 focus()方法给其设置焦点。

运行并查看结果，如图 8-16 所示，点击"切换选中状态"按钮，选择框由"选项 1"

变为"选项 3"。如图 8-17 所示，点击"可编辑"按钮，文本框变为可编辑状态并且获得了焦点。

图 8-16　点击"切换选中状态"按钮效果

图 8-17　点击"可编辑"按钮效果

8.4　应用 jQuery 操作元素 DOM 节点

8.4.1　向 HTML 元素添加内容

在网页中插入内容，包括在元素内插入内容和在元素的外面插入内容。

向 HTML 元素添加内容

1. 在元素内添加内容

在元素内插入内容后，该内容变成该元素的子元素或节点，append()方法可以实现在元素的后面加入内容，prepend()方法则实现在元素的前面插入内容。

(1) 在元素后面追加内容。语法如下：

> jQuery 对象. append(追加内容)

(2) 在元素前面插入内容。

调用 prepend()方法可以在 HTML 元素的前面插入内容。语法如下：

> jQuery 对象. prepend(追加内容)

2. 在元素外添加内容

如果是在元素的外面插入内容，其内容变成元素的兄弟节点。调用 before()方法可以向HTML 元素的前面插入内容，调用 after()方法可以向元素的后面插入内容。

(1) 在元素的前面插入内容。

调用 before()方法可以在 HTML 元素的前面插入内容。语法如下：

> jQuery 对象. before(追加内容)

(2) 在元素的后面插入内容。

调用 after()方法可以在 HTML 元素的后面插入内容。语法如下：

> jQuery 对象. after(追加内容)

如图 8-18 所示，页面有一个段落和四个按钮，分别对应四种在网页内插入内容的方法，给 HTML 元素添加内容的应用实例如例 8-7 所示，其效果如图 8-19 至图 8-22 所示。

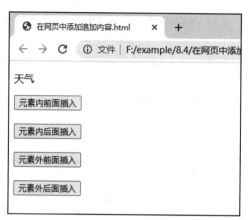

图 8-18　网页最初效果

【例 8-7】　在元素外添加内容的应用实例(其代码见文件 chapter08_07.html)。
本例代码如下:

```html
<!DOCTYPE html>
<html>
    <head>
        <script src="jquery-3.5.1.min.js"></script>
        <script>
            $(document).ready(function(){
                $("#b1").click(function(){
                    $("p").prepend("今天");
                });
                $("#b2").click(function(){
                    $("p").append("晴朗");
                });
                $("#b3").click(function(){
                    $("p").before("今天天气怎么样？");
                });
                $("#b4").click(function(){
                    $("p").after("我们去郊游吧！");
                });
            });
        </script>
    </head>
    <body>
        <p>天气</p>
        <button id="b1">元素内前面插入</button><br><br>
        <button id="b2">元素内后面插入</button><br><br>
        <button id="b3">元素外前面插入</button><br><br>
```

```
        <button id="b4">元素外后面插入</button>
    </body>
</html>
```

"元素内前面插入"按钮的 id 属性名为 b1，通过$("#b1") 和 click()方法实现单击按钮调用 prepend()方法向 p 元素内的前面插入内容"今天"。同样方法，点击"元素内后面插入"按钮，调用 append()方法，可以实现向 p 元素内的后面插入内容"晴朗"。

运行并查看效果，如图 8-19 和 8-20 所示。点击"元素内前面插入"按钮，文本"天气"的前面插入了内容"今天"；点击"元素内后面插入"按钮，文本"天气"的后面添加了内容"晴朗"。

图 8-19　点击"元素内前面插入"按钮　　　图 8-20　点击"元素内后面插入"按钮

实现在元素外添加内容。使用 before 方法，将参数设为"今天天气怎么样？"，可以实现在 p 元素前面添加内容，"今天天气怎么样？"会成为 p 元素的兄弟节点。使用 after 方法，将参数设为"我们去郊游吧！"，可以实现在 p 元素后面添加内容。"我们去郊游吧！"会成为 p 元素的兄弟节点。

运行查看效果，如图 8-21 和图 8-22 所示。点击"元素外前面插入"按钮，可以看见 p 元素前面添加了内容"今天天气怎么样？"，点击"元素外后面插入"按钮，可以看见 p 元素前面添加了内容"我们去郊游吧！"。

 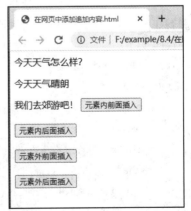

图 8-21　点击"元素内前面插入"按钮　　　图 8-22　点击"元素外后面插入"按钮

8.4.2 删除和插入 HTML 元素

删除和插入 HTML 元素

1. remove()方法

remove()方法可以实现删除 HTML 元素，包括所有文本和子节点。该方法不会把匹配的元素从 jQuery 对象中删除，因而可以在将来再使用这些匹配的元素。但除了这个元素本身得以保留之外，remove()不会保留元素的 jQuery 数据，比如绑定的事件、附加的数据等都会被移除。语法如下：

> jQuery 对象.remove([选择器])

2. insertAfter ()方法

insertAfter ()方法用于在被选元素之后插入 HTML 标签或已有的元素。语法如下：

> jQuery 对象.insertAfter(选择器)

说明：jQuery 对象代表要插入元素，而选择器则指定要在其后插入元素的 HTML 元素。

如图 8-23 所示，页面定义了一个红色矩形和两个按钮，点击"添加文字"按钮，矩形后面出现文字"正方形"。点击"移出方形"按钮，正方形从页面消失。最终运行效果如图 8-24 和图 8-25 所示。

图 8-23　网页最初效果图

【例 8-8】　insertAfter ()方法应用实例(其代码见文件 chapter08_08.html)。

本例代码如下：

```html
<!DOCTYPE html>
<html>
    <head>
        <meta charset="utf-8">
        <script src="jquery-3.5.1.min.js"></script>
        <script>
            $(document).ready(function(){
                $("#b1").click(function(){
                    $('<p>正方形</p>').insertAfter('div');
```

```
        });
        $("#b2").click(function(){
            $("div").remove();
        });
    });
</script>
<style type="text/css">
div{width: 200px;
    height:200px;
    border: 1px solid #ccc;
    background: red;
}
</style>
</head>
<body>
    <div></div>
    <br>
    <button id="b1">添加文字</button>
    <button id="b2">移除方形</button>
</body>
</html>
```

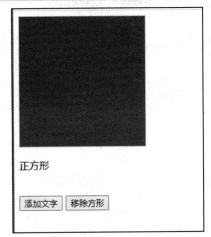

图 8-24　点击"添加文字"按钮效果

图 8-25　点击"移除方形"按钮效果

用 remove()方法实现点击按钮移除正方形；用 insertafter()方法实现在正方形下方显示文字"正方形"。

"添加文字"按钮的 id 属性为 b1，用$("#b1")匹配该按钮，用 click()方法实现单击按钮调用 insertafter()方法，insertafter()方法前面是要插入的元素，括号里的参数是指定在哪个元素后面插入这个元素。

语句$('<p>正方形</p>').insertAfter('div');实现在红色正方形后面插入段落"正方形"。

"移除方形"按钮的 id 属性为 b2，用$("#b2")匹配该按钮，click()方法实现单击按钮调用 remove()方法，remove()方法匹配的 jQuery 对象是 div，也就是这个红色的矩形(图中的矩形框)。删除红色矩形的语句为：$("div").remove();。

3．replaceWith()方法

替换 HTML 元素使用的是 replaceWith()方法，它的功能是把被选元素替换为新的内容。语法如下：

> jQuery 对象.replaceWith(替换的内容)

如图 8-26 所示，页面定义了一个按钮，要求实现点击按钮，按钮被替换成一个红色矩形(图中的矩形框)。我们使用 replaceWith()方法来实现点击按钮后按钮被红色正方形替换的效果。应用实例如例 8-9 所示，其效果如图 8-27 所示。

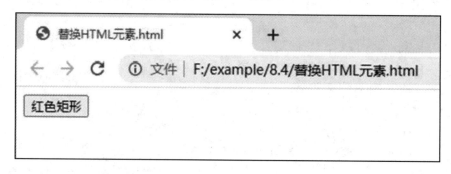

图 8-26　网页最初效果

【例 8-9】　replaceWith()方法应用实例(其代码见文件 chapter08_09.html)。
本例代码如下：

```html
<!DOCTYPE html>
<html>
    <head>
        <style type="text/css">
            div{
                width: 200px;
                height:150px;
                border: 1px solid #ccc;
                background: red;
            }
        </style>
        <script src="jquery-3.5.1.min.js"></script>
    </head>
    <body>
    <button>红色矩形</button>
    <script>
```

```
        $("button").click(function () {
            $(this).replaceWith( "<div></div>" );
        });
        </script>
    </body>
</html>
```

编写 jquery 代码，用$("button")匹配按钮，click()方法实现单击效果，调用 replaceWith()方法，参数设置为"<div></div>"，上面定义了这个 div 元素的样式，可以看出它是一个红色(下图中黑色部分)矩形。this 代表了匹配按钮本身，因此这条语句的作用就是用这个红色矩形的 div 元素替换按钮元素。运行并查看效果，如图 8-27 所示，点击"红色矩形"按钮，页面出现了一个红色(下图中的黑色部分)矩形，按钮被这个矩形替换了。

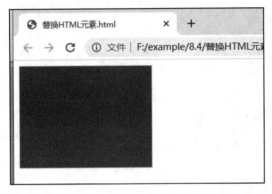

图 8-27　运行效果图

8.5　综 合 案 例

下面通过"驴友留言板"综合案例，来进一步深入理解和掌握本章涉及的知识点与技术点。在输入框里面输入留言者的昵称和留言内容，点击"发表留言"按钮，新的留言信息将被显示在上面的展示区面板中，然后将鼠标放到留言展示区的某一条留言上，该条留言变色，并显示出"删除"链接，点击后可删除该条留言。页面效果如图 8-28 至图 8-32所示。

【例 8-10】　综合案例(其代码见文件 chapter08_10.html)。

本例代码如下：

```
<!DOCTYPE html>
<html>
<head>
    <meta charset="UTF-8">
    <title>驴友留言板</title>
    <style>
```

```
* {
    padding:0;
    margin: 0;
}
#content {
    width: 800px;
    height: 450px;
    margin: 10px auto;
    background-color: #E6E6FA ;
}
#box {
    width: 600px;
    margin: 0 auto;
    padding: 10px;
}
p {
    width: 100%;
    line-height:25px;
}
#xianshi {
    width: 580px;
    height: 200px;
    padding: 25px 10px 0;
    border: 2px solid gray;
    margin-bottom: 10px;
}
#nicheng{
    margin-top: 20px;
}
#text {
    width: 100%;
    height: 90px;
    overflow: auto;
    margin-top: 10px;
    padding: 5px;
}
#btn {
    position:absolute;
    left:450px;
```

```
              width: 100px;
          }
          .yc{
              display: none;
          }
          .bj{
              background-color: black;
              color: white;
          }
          a:link,a:visited{color: #FFFF00;}
    </style>
    <script src="js/jquery-3.5.1.min.js"></script>
</head>
<body>


    <div id="content">
        <div id="box">
            <div id="xianshi">
                <em>没有留言信息</em>
            </div>
            <div id="nicheng">
                昵称:   <input type="text" id="name" />
            </div>
            <div >
                <textarea id="text" placeholder="请输入留言..."></textarea><br/>
            </div>
            <input id="btn" type="button" value="发表留言">
            <script>
                var num =0;
                $(document).ready(function(){    //文档就绪函数
                    $('#btn').click(function() {
                        num++;
                        var ni=$('#name').val();    //获取昵称框的值
                        var nei=$('#text').val();    //获取内容框的值
                        var tian = "<p><span>用户 "+ ni + " 说: </span> " + nei + " 
                             <span class='yc' id='x'><a href='#'>删除</a>
                        </span>"+"</p>"   ;
                            $('#xianshi').append(tian);
                        //把新拼接的内容追加到显示框里
```

```
        $('#name').val('');      //清空留言框输入的内容
        $('#text').val('');      //清空留言框输入的内容
        $('em').css('display','none');
    //em 的 css 样式 display 设置为 none
    });


    $(document).on('mouseover','p',function(){
    //进行事件绑定，为 p 标签添加一个移入事件
        $(this).attr('class','bj');
    //为鼠标选中留言添加 class 属性，从而实现文本颜色和背景色的改变
        $(this).find('#x').removeAttr('class','yc');
    //移除 class 属性"yc"，实现将链接"删除"显示出来
    })
    $(document).on('mouseout','p',function(){
    //因为上传的留言是后面添加上去的 它没有默认事件 属性 所以要使用 on 这
    条代码意思是为 p 标签添加一个移出事件
        $(this).removeAttr('class','bj');
        //鼠标移走，移除背景颜色效果
        $(this).find('#x').attr('class','yc');
        //添加 class 属性,从而实现隐藏留言后面的链接"删除"
    })
    $(document).on('click','a',function(){
        //为 a 标签添加 click 事件
        num--;
        // 删除后,留言数目减 1
        $(this).parents().parents('p').remove();
        //使用两次 parents()方法选中 a 标签所在的 p 段落，然后移除
        if(num==0){
        //如果 num 等于 0，说明没有留言信息，显示提示信息
            $('em').css('display','block') ;
        //设置 em 的 display 为显示
        }
    })
    })
</script>
        </div>
    </div>
</body>
</html>
```

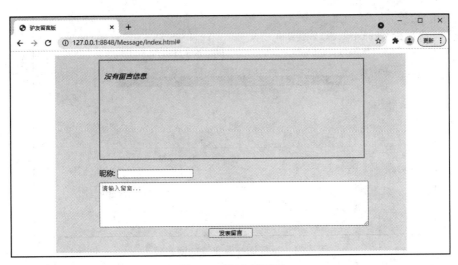

图 8-28　留言板界面

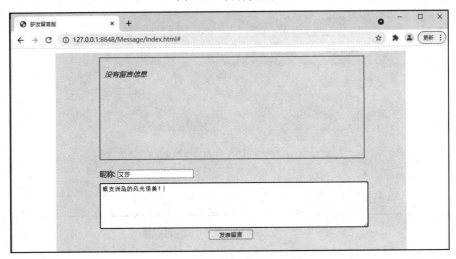

图 8-29　输入昵称和留言内容效果

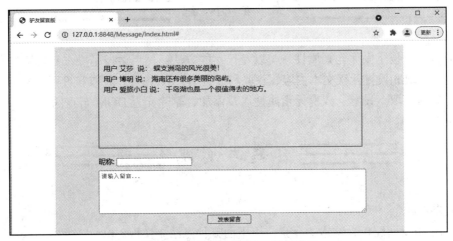

图 8-30　添加成功后显示留言效果

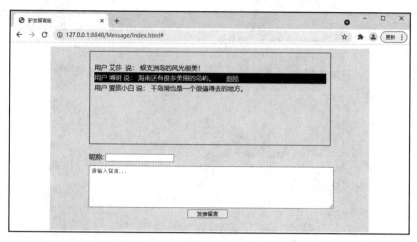

图 8-31　鼠标选择要删除的留言效果

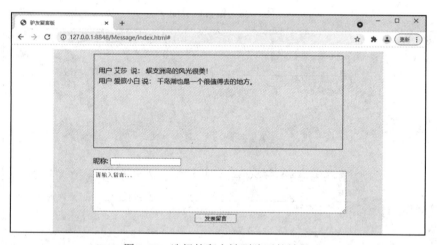

图 8-32　选择的留言被删除后的效果

本 章 小 结

本章首先讲授了操作元素属性、类以及尺寸的方法；然后讲授了操作元素标签内容的方法，包括获取和设置元素文本内容、获取和设置 HTML 内容、获取和设置文本框值；最后讲授了如何获取、设置、改变元素属性以及添加、删除元素 DOM 节点的方法。

习 题 与 实 践

一、选择题

1. 如果需要匹配包含文本的元素，用下面哪种方法来实现？（　　　）

A. text()   B. contains()

C. input()　　　　　　　　　　　　D. attr(name)

2. 下列关于 html()和 text()方法描述正确的是(　　)。

A. text()方法可以获取或者设置包含元素标签的内容

B. 两者都可以用来为元素设置文本内容

C. html()方法获取或者设置的内容不包含元素标签

D. html()方法和原生的 JavaScript 中的 innerHTML 属性功能不同

3. (　　)表示向每个匹配的元素内部追加内容。

A. append()　　　　　　　　　　　B. prepend()

C. appendTo()　　　　　　　　　　D. before()

4.(　　)表示设置或返回表单字段的值。

A. val()　　　　　　　　　　　　　B. append()

C. text()　　　　　　　　　　　　　D. html()

5. 使用(　　)方法可以删除 HTML 元素的属性。

A. removeAttr()　　　　　　　　　　B. attr()

C. remove()　　　　　　　　　　　　D. removeAll()

二、简答题

1. jQuery 提供了哪些对文本内容操作的方法？

2. 讨论 append()、prepend()、before()、after()四种方法的区别。

3. 使用 jQuery 管理 HTML 元素包括哪些操作？

三、实践演练

请结合本章学习内容，完成图 8-33 所示的"添加和删除学生数据"的网页设计。在文本框输入学生姓名，选择学生所属院系，点击"添加"按钮，可以将该条信息添加到下面的表格里。用鼠标在表格里选择学生，点击后面的"删除"链接，可以删除该条信息。

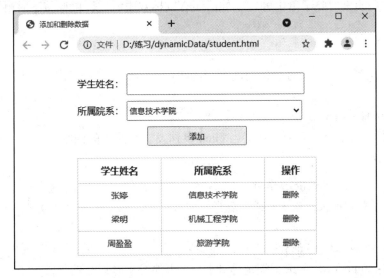

图 8-33　添加和删除学生数据

第9章

jQuery 事件处理

 学习目标

+ 掌握鼠标相关事件的使用方法；
+ 掌握键盘相关事件的使用方法；
+ 掌握表单相关事件的使用方法。

9.1 应用鼠标事件和键盘事件

9.1.1 鼠标事件

鼠标事件是在用户移动鼠标光标或者使用任意鼠标键点击时触发的。click()是当鼠标单击事件被触发时调用的一个函数。该函数在用户点击 HTML 元素时执行。

鼠标事件

与鼠标相关的事件除了单击触发以外，还有鼠标双击触发、鼠标按下时触发以及鼠标抬起时触发。

1. 单击事件

click 事件是当鼠标单击时会调用的一个函数，该函数在用户点击 HTML 元素时执行。

语法：

```
$(selector).click(function)
```

参数说明：function，可选，规定当 click 事件发生时运行的函数。

2. 双击事件

鼠标双击事件为 dblclick 事件，它是在用户完成迅速连续的两次点击之后触发。dblclick()方法触发 dblclick 事件，或规定当发生 dblclick 事件时运行函数。

语法：

```
$(selector).dblclick(function)
```

参数说明：function，可选，规定当 dblclick 事件发生时运行的函数。

如图 9-1 所示，页面定义了三个段落和一个按钮，编写 jQuery 代码实现如下效果：

(1) 依次单击第一个、第二个和第三个段落，被点击的段落相继隐藏。

(2) 双击"双击我"按钮，弹出警告框，上面显示"这个按钮被双击"。

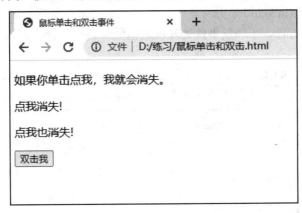

图 9-1　页面原始效果

【例 9-1】　双击事件应用实例(其代码见文件 chapter09_01.html)。

本例代码如下：

```html
<!DOCTYPE html>
<html>
  <head>
    <meta charset="utf-8">
    <title>鼠标单击和双击事件</title>
    <script src="jquery-3.5.1.min.js">
    </script>
    <script>
    $(document).ready(function(){
      $("p").click(function(){
        $(this).hide();
      });
      $("button").dblclick(function(){
        alert("这个按钮被双击。");
      });
    });
    </script>
  </head>
  <body>
    <p>如果你单击点我，我就会消失。</p>
    <p>点我消失!</p>
    <p>点我也消失!</p>
    <button>双击我</button>
  </body>
</html>
```

  编写 jQuery 代码，用$("p")匹配到三个段落，调用 click()方法，指定点击三个段落时触发鼠标单击事件，$(this).hide()实现被单击的 p 元素隐藏。然后用$("button")匹配到按钮对象，调用 dblclick()方法，在触发事件处理函数里面编写弹出警告框语句 alert("这个按钮被双击。")。

  运行并查看效果。如图 9-2 至图 9-4 所示，用鼠标单击第一个段落，第一个段落隐藏；依次单击第二个和第三个段落，被点击的段落相继隐藏。双击按钮，弹出警告框。

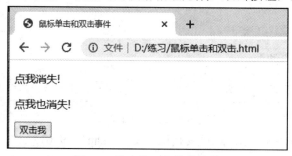

图 9-2 单击第一个段落效果

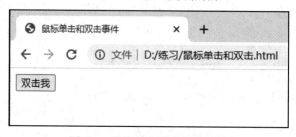

图 9-3 依次单击所有段落效果

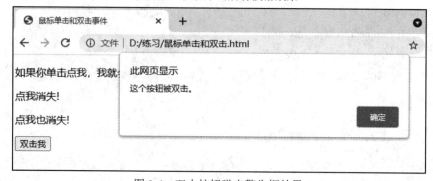

图 9-4 双击按钮弹出警告框效果

3. 鼠标按下和抬起事件

  mousedown 事件在用户敲击鼠标键时触发，跟 click 事件不一样，该事件仅在按下鼠标时触发。

  mouseup 事件在用户松开鼠标时触发，如果在与按下鼠标的元素相同元素上松开，那么 click 事件也会触发。

  如图 9-5 所示，页面定义了一个段落，编写 jQuery 代码实现如下效果：用鼠标单击段落，再点击鼠标，一直保持按下的状态，页面上段落里的文字变成了"鼠标左键被按下"。然后将鼠标左键抬起，段落里的文字变成"鼠标左键被抬起"。实现以上效果的实例如例.

9-2 所示，显示效果如图 9-6 和图 9-7 所示。

图 9-5　页面最初效果

【例 9-2】　鼠标按下和抬起事件应用实例(其代码见文件 chapter09_02.html)。

本例代码如下：

```
<!DOCTYPE html>
<html>
    <head>
        <meta charset="utf-8">
        <title>鼠标移入移出</title>
        <script src="jquery-3.5.1.min.js">
        </script>
        <script>
        $(document).ready(function(){
            $("p").mousedown(function(){
                $(this).text("鼠标左键被按下");
            });
            $("p").mouseup(function(){
                $(this).text("鼠标左键被抬起");
            });
        });
        </script>
    </head>
    <body>
        <p>点击我，显示鼠标动作</p>
    </body>
</html>
```

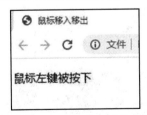

图 9-6　鼠标按下效果

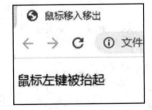

图 9-7　鼠标抬起效果

编写 jQuery 代码，用$("p")匹配段落 p，调用 mousedown 方法，用 this 匹配到被点击的段落，调用 text()在段落中显示文字，提示"鼠标左键被按下"，以此判断 mousedown 方法是否有效。然后在下面再写一组语句，调用 mouseup 方法，鼠标抬起的时候触发 mouseup 事件，在 p 中显示文字"鼠标左键被抬起"，运行并查看效果。

4. 鼠标移入和移出事件

当鼠标指针穿过元素时，会发生 mouseenter 事件。mouseenter()方法触发 mouseenter 事件，或规定当发生 mouseenter 事件时运行函数。

语法：

```
$(selector). mouseenter (function)
```

参数说明：

function，可选，规定 mouseenter 事件触发时运行的函数。

当鼠标指针离开元素时，会发生 mouseleave 事件。该事件大多数时候会与 mouseenter 事件一起使用。mouseleave()方法触发 mouseleave 事件，或规定当发生 mouseleave 事件时运行函数。

语法：

```
$(selector).mouseleave(function)
```

参数说明：

Function，可选，规定当发生 mouseleave 事件时运行的函数。

如图 9-8 所示，页面有一个黄色圆形区域，鼠标进入这个区域，圆形变为绿色，圆形区域上面显示文字"鼠标进入区域"；鼠标移出，圆形变成了蓝色，上面显示文字"鼠标移出区域"。实现以上效果的实例如例 9-3 所示，显示效果如图 9-9 和图 9-10 所示。

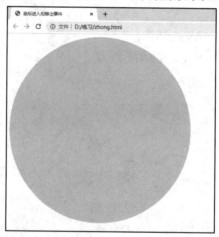

图 9-8　页面最初效果

【例 9-3】　鼠标移入和移出事件应用实例(其代码见文件 chapter09_03.html)。

本例代码如下：

```
<!DOCTYPE html>
<html>
    <head>
        <meta charset="UTF-8">
        <title>鼠标进入和移出事件</title>
```

```
    <script src="jquery-3.5.1.min.js"></script>
    <style>
        .mouse{
            position:absolute;
            background:#ffd965;
            width:500px;
            height:500px;
            border-radius:250px;
        }
    </style>
</head>
<body>
    <div id="mouse" class="mouse"></div>
    <div id="xianshi" ></div>
    <script>
        $(document).ready(function(){
            $("#mouse").mouseenter(function(){
                $(this).css({'background':'green'}) ;
                $("#xianshi").text("鼠标进入区域");
            });
            $("#mouse").mouseleave(function(){
                $(this).css({'background':'blue'}) ;
                $("#xianshi").text("鼠标移出区域");
            });
        });
    </script>
</body>
</html>
```

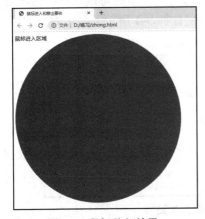

图 9-9　鼠标移入效果

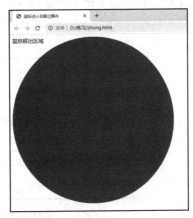

图 9-10　鼠标移出效果

页面定义了两个 div 元素，通过 css 样式将第一个 div 元素绘制成一个黄色的圆形(本书图中黑色的图形)。第二个 div 用来显示鼠标的状态。

在文档就绪函数里编写 jQuery 代码，用选择器$("#mouse")选择圆形对象。调用 mouseenter()方法，指定鼠标进入圆形区域后执行 mouseenter 的事件处理函数，在函数里面编写语句：$(this).css({'background':'green'});其中 this 表示匹配当前的圆形对象，css 方法将其背景色设置为绿色。

然后用$("#xianshi")匹配第二个 div 元素，用 text 方法实现在第二个 div 里显示文本"鼠标进入区域"。

同样的写法，我们将 mouseenter 更换为鼠标移出事件 mouseleave，在 mouseleave 事件实现后，圆形的背景色设置为蓝色，同时在第二个 div 里显示文字"鼠标移出区域"。最后运行并查看效果。

9.1.2 键盘事件

用户每次按下或者释放键盘上的键时都会产生键盘事件。当键盘被按下时，触发 keydown 事件，keydown()方法将函数绑定到指定元素的 keydown 事件上。释放按键时，触发 keyup 事件，keyup()方法将函数绑定到指定元素的 keyup 事件上。keypress()方法触发 keypress 事件，或规定当发生 keypress 事件时运行的函数。keypress 事件与 keydown 事件类似。当按钮被按下时发生该事件。然而，keypress 事件不会触发所有的键，比如 ALT、CTRL、SHIFT、ESC。键盘事件相关方法及功能如表 9-1 所示。

键盘事件

表 9-1　键盘事件相关方法及功能

方　法	描　　述	执行时机
keydown()	触发或将函数绑定到指定元素的 keydown 事件上	按下键盘时
keyup()	触发或将函数绑定到指定元素的 keyup 事件上	释放按键时
keypress()	触发或将函数绑定到指定元素的 keypress 事件上	产生可打印的字符时

如图 9-11 所示的页面中，将光标定位到第一个文本框，按键按下时文本框背景变为黄色，抬起时变为粉色，再单击 Ctrl 和 Esc 按键，这个效果同样可以实现。然后将光标定位到第二个文本框，按下除 Ctrl 和 Esc 以外的键盘按键，文本框背景变为红色，按下 Ctrl 和 Esc 按键，文本框没有变色。实现以上效果的实例如例 9-4 所示，显示效果如图 9-12 至图 9-14 所示。

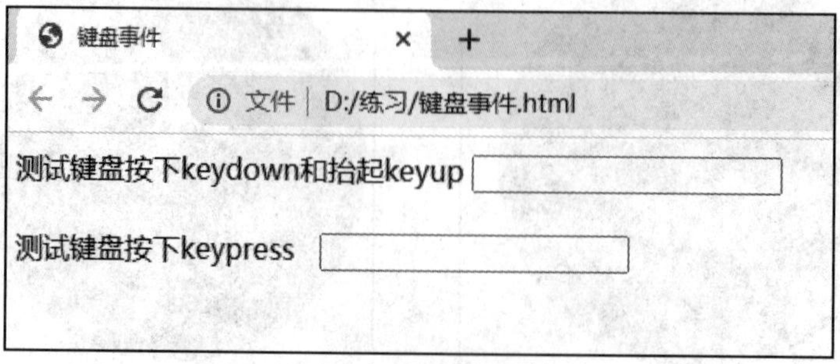

图 9-11　页面最初效果

【例 9-4】　键盘事件应用实例(其代码见文件 chapter09_04.html)。

本例代码如下：

```html
<!DOCTYPE html>
<html>
    <head>
        <meta charset="utf-8">
        <title>键盘事件</title>
        <script src="jquery-3.5.1.min.js"></script>
        <script>
            $(document).ready(function(){
                $("#i1").keydown(function(){
                    $("#i1").css("background-color","yellow");
                });
                $("#i1").keyup(function(){
                    $("#i1").css("background-color","pink");
                });
                $("#i2").keypress(function(){
                    $("#i2").css("background-color","red");
                });
            });
        </script>
    </head>
    <body>
        测试键盘按下 keydown 和抬起 keyup 
        <input id="i1" type="text"><br><br>
        测试键盘按下 keypress   
        <input id="i2" type="text">
    </body>
</html>
```

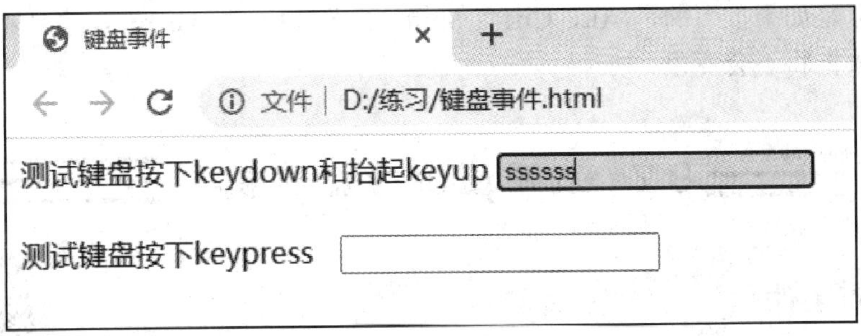

图 9-12　第一个文本框里按下键盘"s"键的效果

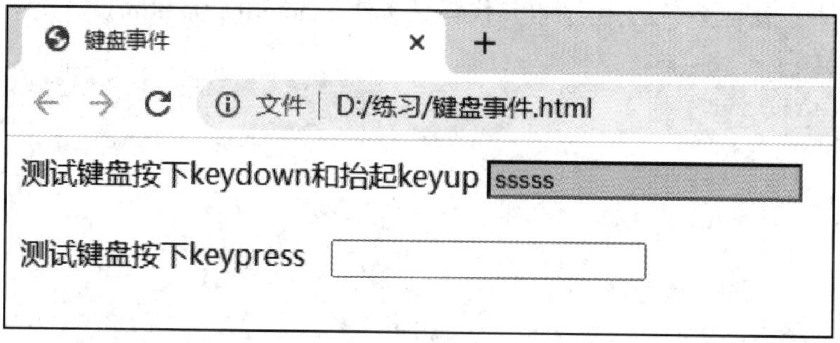

图 9-13　第一个文本框里抬起键盘的按键效果

图 9-14　第二个文本框里按下键盘 "d" 键的效果

图 9-11 中的页面内有两个文本框，分别用来测试键盘抬起的 keyup()方法，以及键盘按下的 keydown 和 keypress 方法，重点讲解一下两个键盘按下方法的区别。

文档就绪函数里面编写了三组语句，第一组用$("#i1") 匹配到第一个文本框，然后调用键盘按键按下触发的 keydown()方法，在第一组语句里面编写语句：

```
$("#i1").css("background-color","yellow");
```

上面语句实现改变文本框的样式，从而将其背景色设置为黄色。

第二组也是匹配第一个文本框，然后调用 keyup()方法，第二组语句里面编写如下语句：

```
$("#i1").css("background-color","pink");
```

上面语句实现改变文本框的样式，将文本框背景色改为粉色。

第三组语句匹配第二个文本框，调用 keypress()方法，使键盘按键按下后文本框背景色改为蓝色，但是如果按下的是 Alt、CtrL、Shift、Esc 等按键，keypress 事件不会被触发，文本框的背景框将不会变色。

9.2　应用 jQuery 操作表单

9.2.1　焦点事件

前端网站中如果存在一些让用户填写内容的表单元素的话，我们可以使用 jQuery 中的获得焦点事件和失去焦点事件来给用户做出一

焦点事件

些提示的内容。

1. focus()方法

通过鼠标点击选中元素或通过 Tab 键定位到元素时，触发获得焦点事件，调用 focus()方法。

语法：

```
$(selector). focus(function )
```

参数说明：function 为元素获得焦点时触发的函数。

2. blur()方法

当元素失去焦点时触发失去焦点事件，调用 blur()方法。该方法常与 focus() 方法一起使用。

语法：

```
$(selector).blur(function)
```

参数说明：function，可选，规定当 blur 事件发生时运行的函数。

如图 9-15 所示，页面定义了一个文本框，使用 focus()方法实现文本框获得焦点时文本框变成红色，用 blur 方法实现当它失去焦点的时候文本框变成黄色。实现以上效果的实例如例 9-5 所示，其效果如图 9-16 和图 9-17 所示。

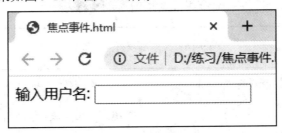

图 9-15 页面最初运行效果

【例 9-5】 blur()方法应用实例(其代码见文件 chapter09_05.html)。

本例代码如下：

```html
<html>
<head>
    <script type="text/javascript" src="jquery-3.5.1.min.js"></script>
    <script>
        $(document).ready(function(){
            $("input").focus(function(){
                $("input").css("background-color","red");
            });
            $("input").blur(function(){
                $("input").css("background-color","yellow");
            });
        });
    </script>
```

```
        </head>
        <body>
            输入用户名: <input id= "uname" type="text" />
        </body>
    </html>
```

用$("input")选择文本框对象，调用 focus()方法和 blur()实现获得和失去焦点，下一步要编写这两个方法的事件处理函数。

编写 focus 的事件处理函数，用$("input")匹配文本框对象，用 css("background-color", "red")改变其背景色为红色。

接着编写 blur()的事件处理函数，用元素选择器匹配文本框对象，用 css 方法改变其背景色为黄色。然后保存、运行并查看效果。如图 9-16 所示，点击文本框，文本框获得焦点，背景色变成红色；如图 9-17 所示，点击页面空白地方，文本框失去焦点，文本框变成黄色。

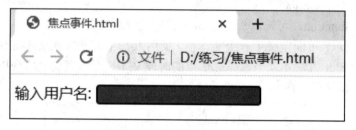

图 9-16　文本框获得焦点效果

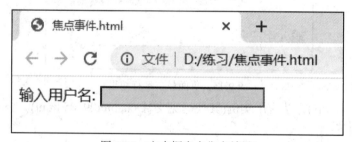

图 9-17　文本框失去焦点效果

9.2.2　内容改变事件

change()方法的功能是当元素的值发生改变时触发函数。change() 方法仅适用于表单字段。当用于 select 元素时，change 事件会在选择某个选项时发生。当用于文本输入类型的<text>或<textarea>时，change 事件会在元素失去焦点时发生。

内容改变事件

语法：

```
$(selector). change(function)
```

参数说明：function，可选，规定针对被选元素当 change 事件发生时运行的函数。

如图 9-18 所示，页面定义了一个文本框，当文本框的内容改变时弹出警告框，显示"文本已被修改"。实现以上效果的实例如例 9-6 所示，其效果如图 9-19 所示。

图 9-18　页面最初运行效果

【例 9-6】　内容改变事件应用实例(其代码见文件 chapter09_06.html)。

本例代码如下：

```
<!DOCTYPE html>
<html>
    <head>
        <script type="text/javascript" src="jquery-3.5.1.min.js"></script>
    </head>
    <body>
        <input id="uname" type="text" />
    </body>
    <script>
        $(document).ready(function () {
            $("input").change(function () {
                alert("文本已被修改");
            });
        });
    </script>
    </body>
</html>
```

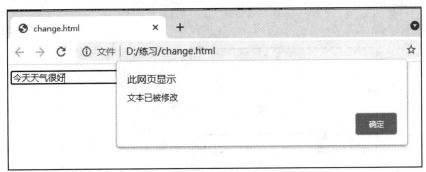

图 9-19　文本框内容改变后效果

编写 jQuery 语句，$("input")选择文本框，调用 change 方法，使文本内容改变时，调用事件处理函数，用 alert 弹出警告框，显示"文本已被修改"。运行并查看效果，文本框输入文字"今天天气很好"，在文本框内容发生改变后，弹出警告框。

9.2.3　选择事件

选择事件

当<textarea>或文本类型的<input>元素中的文本被选择时，会发生 select 事件。select()方法触发 select 事件，或规定当发生 select 事件时运行的函数。

语法：

```
$(selector). select(function)
```

参数说明：function 为 select 事件的处理函数。

在网页中定义了一个文本框，要求实现效果：选择文本框中的文字，页面显示提示文字"文本框内容被选择"。实现此效果的实例如例 9-7 所示，运行查看效果如图 9-20 所示。

【例 9-7】　选择事件应用实例(其代码见文件 chapter09_07.html)。

本例代码如下：

```html
<html>
    <head>
        <script type="text/javascript" src="jquery-3.5.1.min.js"></script>
        <script type="text/javascript">
            $(document).ready(function(){
                $("input").select(function(){
                    $("input").after("文本框内容被选择");
                });
            });
        </script>
    </head>
    <body>
        <input type="text" name="FirstName" value="选中我。" />
    </body>
</html>
```

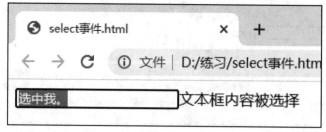

图 9-20　运行效果图

编写 jQuery 代码，用$("input")匹配文本框，调用 select()方法实现选择文本框内的内容，在方法里编写如下语句：

```
$("input").after("文本框内容被选择");
```

9.2.4　表单提交事件

当提交表单时会发生 submit 事件。该事件只适用于表单元素。submit() 方法触发 submit 事件，或规定当发生 submit 事件时运行的函数。如果 submit 事件的处理函数返回 false，则不执行提交操作；如果返回 true，则执行提交操作。

表单提交事件

语法：

$(selector).submit(handler(eventObject))

参数说明：

(1) handler：submit 事件的处理函数；

(2) eventObject：handler 的参数。

如图 9-21 所示，页面定义了一个表单，编写 jQuery 代码，要求实现效果：点击"提交"按钮，页面弹出一个警告框，显示"已提交"。实现此效果的实例如例 9-8 所示，其效果如图 9-22 所示。

图 9-21　页面最初运行效果

【例 9-8】　表单提交事件应用实例(其代码见文件 chapter09_08.html)。

本例代码如下：

```html
<html>
  <head>
    <script type="text/javascript" src="jquery-3.5.1.min.js"></script>
    <script type="text/javascript">
    $(document).ready(function(){
      $("#f1").submit(function(e){
        alert("已提交");
      });
    });
    </script>
  </head>
  <body>
    <form id="f1" action="" method="get">
      用户名: <input type="text" name="username"    size="20">
        <br/><br/>
```

```
密码:   
<input type="password" name="password"    size="20">
<br/><br/>
<input type="submit" value="提交">
        </form>
    </body>
</html>
```

表单的 id 属性值为 f1，里面包含了两个输入文本框和一个按钮。通过$("#f1")选择页面上的表单对象，然后利用 submit 方法实现表单提交时触发函数，弹出一个警告框。运行并查看效果。如图 9-22 所示，在文本框输入用户名和密码，点击按钮，页面弹出一个警告框，显示"已提交"。

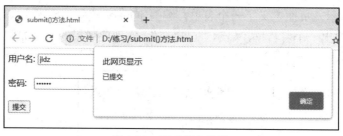

图 9-22　表单提交效果

9.3　综合案例

下面通过"信息技术学院专业介绍"网页综合案例，来进一步深入理解和掌握本章涉及的知识点与技术点。编写网页，实现展示专业内容的效果。网页运行效果如图 9-23 所示。当鼠标移到专业目录的专业名称上时，自动展开下一级面板，显示出该专业的专业内容。效果如图 9-24 所示。

图 9-23　专业介绍网页效果

【例 9-9】　综合案例(其代码见文件 chapter09_09.html)。

本例代码如下：

```html
<!DOCTYPE html>
<html>
    <head>
        <meta charset="utf-8" />
        <script src="js/jquery-3.5.1.min.js"></script>
        <title>信息技术学院</title>
        <style>
            *{
                margin: 0;
                padding: 0;
            }
            .cont{
                width: 650px;
                height: 400px;
                border: 2px solid gray;
                margin: 50px auto;
                border-radius: 10px;
                box-shadow:4px 4px 15px #666;
            }
            .cont>h1{
                font-size: 20px;
                line-height: 35px;
                color: darkturquoise;
                padding-left: 15px;
                border-bottom: 1px dashed gainsboro;
            }
            ul>li{
                list-style: none;
                padding: 5px 10px;
                border: 1px dashed gainsboro;
            }
            ul>li>span{
                display: inline-block;
                width: 25px;
                height: 18px;
                background: url(img/icon.png) no-repeat;
            }
            .text{
```

```
                overflow: hidden;
                display: none;
            }
            .text>img{
                margin-top: 10px;
                width: 120px;
                height: 100px;
                float: left;
            }
            .text>.js{
                margin-top: 10px;
                width: 500px;
                height: 100px;
                float: right;
                font-size: 14px;
                line-height: 25px;
                text-indent: 2em;
            }
            .open .text{
                display: block;
            }
        </style>
    </head>
    <body>
        <div class="cont">
            <h1>专业介绍</h1>
            <ul>
                <li><span></span>大数据技术专业
                    <div class="text">
                        <img src="img/1.jpg">
                        <p class="js">本专业面向大数据行业的开发、管理和服务一线，掌握大数据
                    平台部署、数据采集、数据加工、数据分析、数据可视化等知识与技能，具有
                    良好的职业道德、诚信品质、团队精神和创新素质。</p>
                    </div>
                </li>
                <li><span></span>软件技术
                    <div class="text">
                        <img src="img/2.jpg">
                        <p class="js">本专业培养掌握计算机与软件领域基础知识、基本理论，受到
                    软件工程训练，具备良好的软件开发能力和软件工程素养，能够在软件技术及
```

相关专业领域从事软件开发与项目管理、数据库设计与维护等工作的高素质复合型技术技能人才。</p>

        </div>

    </li>

    <li><span></span>计算机网络技术

        <div class="text">

            <img src="img/3.jpg">

            <p class="js">本专业培养具有良好的职业道德和职业核心能力,掌握计算机网络技术专业相关的必备的基本知识,具备必要的网络技术应用能力,能够从事计算机网络系统集成、网络应用系统服务架构、网络工程业务管理等工作的高素质劳动者和技术技能人才。</p>

        </div>

    </li>

    <li><span></span>信息安全应用技术

        <div class="text">

            <img src="img/4.jpg">

            <p class="js">本专业主要培养能够从事安全领域安全保障的信息安全高级人才。具备信息安全产品使用及维护的基本技能,能够协助国家安全部门侦破网络犯罪行为,能够开展信息安全漏洞发现、分析和风险评估、信息安全测评以及渗透测试和安保测评工作的安全人才。</p>

        </div>

    </li>

    <li><span></span>移动互联应用技术

        <div class="text">

            <img src="img/5.jpg">

            <p class="js">本专业是吉林省重点扶持专业之一,教学团队为省级优秀教学团队;培养具有智能电子产品和 Android 移动终端应用软件开发、安装、调试、维护、管理、销售等能力的技术技能型人才。</p>

        </div>

    </li>

    <li><span></span>计算机应用技术

        <div class="text">

            <img src="img/6.jpg">

            <p class="js">培养适应我国信息产业的制造、服务类企业以及社会信息化发展的需要,具有创新思维和良好的职业素质,能从事计算机软、硬件、嵌入式计算机、多媒体产品的开发、销售等工作,面向 IT 领域及相关职业领域计算机相关工作的高素质劳动者和技术技能人才。</p>

        </div>

    </li>

</ul>

```
        </div>
        <script>
            $(function(){
                // 鼠标移入事件
                $('li').mouseenter(function(){
                    $(this).addClass('open')        //给列表项添加 class 属性 open
                })
                // 鼠标移出事件
                $('li').mouseleave(function () {
                    $(this).removeClass('open')   //移出列表项的 class 属性
                })
            })
        </script>
    </body>
</html>
```

图 9-24　鼠标移入展示专业介绍效果

本 章 小 结

　　本章首先讲授了鼠标相关事件，包括鼠标单击和双击触事件、鼠标按下和抬起事件、鼠标移入和移出事件；然后讲授了常用的几个键盘事件，包括按键按下触发的 keydown 和 keypress 事件，按键抬起触发的 keyup 事件；最后讲授了表单相关的事件，包括获得和失去焦点的事件 focus 和 blur、元素值改变事件 change、选择事件 select 以及表单提交事件 submit。

习 题 与 实 践

一、选择题

1. jQuery 中元素获得焦点时触发(　　)件。

A. mouseout　　　　B. focus　　　　　C. load　　　　　D. blur

2. jQuery 中，松开鼠标时将触发的事件是(　　)。

A. mouseover　　　B. mouseleave　　C. mouseout　　　D. mouseup

3. 在一个表单中,如果想要给输入框添加一个输入验证,可以用下面的哪个事件实现? (　　)

A. hover(over ,out)　　　　　B. keypress(fn)

C. change()　　　　　　　　D. change(fn)

4. 下列选项中，不属于键盘事件的是(　　)。

A. keydown　　　　B. keyup　　　　C. mouseenter　　D. keypress

5. 用户把鼠标从一个元素移动到另外一个元素上时可以触发(　　)事件。

A. mouseover　　　B. click　　　　　C. mouseenter　　D. mousedown

二、简答题

1. 讨论 mouseover、mouseout 和 mouseenter 三个事件的区别。

2. 讨论页面加载事件 ready 和 load 事件的区别。

3. jQuery 事件有哪些？请列举五种。

三、实践演练

网页运行界面如图 9-25 所示，编写 jQuery 代码实现如下效果：

页面有一个正方形区域(宽：300 px，高：300 px)，其背景颜色为蓝色。点击"点击我"按钮，正方形变成绿色，上面显示文字"我变成了绿色"；双击正方形，正方形变成红色，上面显示斜体文字"我变成了红色"；鼠标进入正方形区域后，其背景色变成粉色，上面显示文字"我变成了粉色"；鼠标移出正方形后，背景色变成蓝色，上面显示文字"我变成了蓝色"。正方形下方有一个选择框，选择其中的选项，正方形变成相应的颜色，并有文字显示。最终效果如图 9-26 至图 9-30 所示。

图 9-25　页面原始运行效果

图 9-26　单击按钮效果

图 9-27　鼠标双击正方形效果

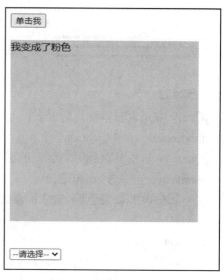

图 9-28　鼠标移入效果

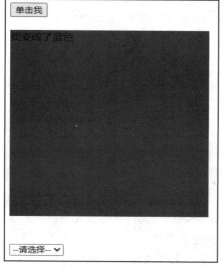

图 9-29　鼠标移出效果

图 9-30　改变选择框内容效果

 学习目标

✦ 掌握控制元素显示和隐藏的方法；
✦ 掌握控制元素淡入淡出效果的方法；
✦ 掌握调节元素透明度的方法；
✦ 掌握控制元素滑动效果的方法。

10.1　应用 jQuery 实现常用动画

10.1.1　隐藏和显示

1. 显示元素

通过 jQuery，我们可以使用 show()方法来显示 HTML 元素。show()
的功能是以动画效果显示指定的 HTML 元素。如果选择的元素是可见

隐藏和显示

的，这个方法将不会有任何效果。但是，无论这个元素是通过 hide()方法隐藏的还是在 CSS
里设置了 display：none 样式，show()方法都将有效。

语法：

    .show([duration] [,easing] [, complete])

参数说明：

(1) duration：可选参数，指定动画效果运行的时间长度，单位为 ms，默认值为 nomal
(400 ms)。可选值包括"slow"和"fast"，也可以直接写表示动画时长的毫秒数值。

(2) easing：可选参数，指定设置不同动画点中动画速度的 easing 函数(也称为动画缓冲
函数或缓动函数)，内置的擦除函数包括 swing(摇摆缓冲)和 linear(线性缓冲)。swing 表示在
开头/结尾移动慢，在中间移动快。"linear"表示匀速移动。

(3) complete：可选参数，指定动画效果执行完后调用的函数。

如图 10-1 所示，网页中有一个"显示图片"按钮。实现如下效果：点击按钮，图片用
4 s 时间显示出来，显示完毕后，在下方出现文字"图片加载完毕"。实现以上效果的实例
如例 10-1 所示，其效果如图 10-2 所示。

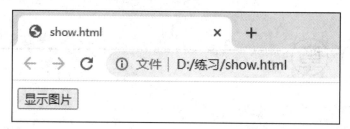

图 10-1　页面最初运行效果

图 10-2　点击"显示图片"按钮效果

【例 10-1】　显示元素应用实例(其代码见文件 chapter10_01.html)。

本例代码如下:

```html
<!DOCTYPE html>
<html>
  <head>
    <script src="jquery-3.5.1.min.js"></script>
  </head>
  <body>
    <button>显示图片</button>
    <img src="1.jpg" style="display: none">
    <div></div>
    <script>
        $("button").click(function () {
```

```
                    $("img").show(4000,function(){
                        $("div").text("图片加载完毕");
                    });
                });
            </script>
        </body>
    </html>
```

网页源代码中，有一个图片标签和一个空的 div 元素，图片的属性为隐藏。编写 jQuery 代码，用$("img")选择图片对象，使用 show()方法实现图片显示动画。在 show()方法中，第一个参数"4000"表示以 4000 ms 的速度显示图片；第二个参数是动画缓冲函数，在函数体里编写语句，用$("div")选择页面上的 div 对象作为显示文字的元素，用 text()方法实现文字显示的内容，运行效果如图 10-2 所示。

2. 隐藏元素

hide()方法的功能是隐藏指定的 HTML 元素，但是如果选择的元素是隐藏的，这个方法将不会有任何效果。

语法：

```
.hide( [duration ] [, easing ] [, complete ] )
```

参数说明：与 show()方法完全相同。

如图 10-3 所示，页面有一个按钮和一个图片。实现如下效果：点击"隐藏图片"按钮，图片隐藏，并且在下方显示出文字"图片已隐藏"。实现以上效果的实例如例 10-2 所示，其效果如图 10-4 所示。

图 10-3　页面最初运行效果

【例 10-2】 隐藏元素应用实例(其代码见文件 chapter10_02.html)。

本例代码如下：

```
<!DOCTYPE html>
<html>
  <head>
    <script src="jquery-3.5.1.min.js"></script>
  </head>
  <body>
    <button>隐藏图片</button>
    <img src="1.jpg" >
    <div></div>
    <script>
      $("button").click(function () {
        $("img").hide("slow",function(){
                $("div").text("图片已隐藏");
        });
      });
    </script>
  </body>
</html>
```

页面定义了一个按钮和一个图片，编写 jQuery 代码，给按钮绑定事件处理函数，函数体为：

```
$("img").hide("slow",function(){
        $("div").text("图片已隐藏");
    });
```

语句中用$("img")选择 img 标签，用 hide 函数实现图片的隐藏效果，设置隐藏速度 slow，图片隐藏以后调用函数，用 text 方法实现文字显示的内容。运行效果如图 10-4 所示。

图 10-4 点击"隐藏图片"按钮效果

3. 切换元素显示/隐藏

切换元素的显示和隐藏用 toggle()方法，它的功能是在被选元素上进行 hide()和 show()之间的切换。该方法检查被选元素的可见状态。如果一个元素是隐藏的，则运行 show()，如果一个元素是可见的，则运行 hide()，这样就实现了一种切换的效果。

语法：

```
.toggle( [duration ] [, easing ] [, complete ] )
```

参数说明：与 show()方法完全相同。

如图 10-5 所示，网页上有一个按钮和两个段落。实现如下效果：编写 jQuery 代码实现切换的效果。第一次点击"隐藏/显示"按钮，两个段落消失，再点击一次按钮，两个段落出现。实现以上效果的实例如例 10-3 所示，其效果如图 10-6 和图 10-7 所示。

图 10-5　页面最初运行效果

【例 10-3】　切换元素显示/隐藏应用实例(其代码见文件 chapter10_03.html)。

本例代码如下：

```html
<!DOCTYPE html>
<html>
    <head>
        <meta charset="utf-8">
        <script src="jquery-3.5.1.min.js"></script>
        <script>
            $(document).ready(function(){
                $("button").click(function(){
                    $("p").toggle();
                });
            });
        </script>
    </head>
    <body>
        <button>隐藏/显示</button>
        <p>这是一个文本段落。</p>
        <p>这是另外一个文本段落。</p>
    </body>
</html>
```

页面定义了一个按钮和两个段落，编写按钮点击后的事件处理函数，在函数中使用

$("p")选择标签 p 的两个段落，调用 toggle 方法实现段落的显示和隐藏切换效果。运行效果如图 10-6 和图 10-7 所示。

图 10-6　第一次单击按钮效果

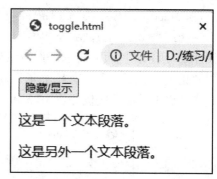

图 10-7　再次单击按钮效果

10.1.2　淡入和淡出效果

1. 淡入效果

fadeIn ()方法可以实现元素的淡入效果。

语法：

淡入和淡出效果

```
$(selector).fadeIn( [speed] [, easing ] [, complete ] )
```

参数说明：

(1) speed：可选，规定元素从隐藏到可见的速度。默认值为 "normal"，可选的值有 "slow" "fast" 或者表示毫秒的数值。在设置速度的情况下，元素从隐藏到可见的过程中，会逐渐地改变其透明度，这样会创造淡入效果。

(2) easing：可选，规定了在动画的不同点上元素的速度。默认值为 "swing"，可选的值为 "swing" 和 "linear"，"swing" 是在开头/结尾移动慢，在中间移动快；"linear" 是匀速移动。

(3) complete：可选，它表示 fadeIn 函数执行完之后要执行的函数。除非设置了 speed 参数，否则不能设置该参数。

如图 10-8 所示，页面有一个按钮。编写 jQuery 代码实现元素的淡入效果。即连续三次点击 "依次显示" 按钮，页面上依次出现第一个正方形、第二个正方形和第三个正方形。实现以上效果的实例如例 10-4 所示，其效果如图 10-9～图 10-11 所示。

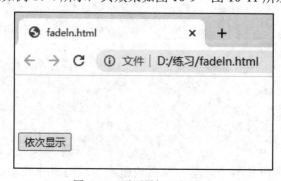

图 10-8　页面最初运行效果

【例 10-4】　淡入效果应用实例(其代码见文件 chapter10_04.html)。

本例代码如下：

```html
<!DOCTYPE html>
<html>
    <head>
        <script src="jquery-3.5.1.min.js"></script>
        <style>
            div {
                margin:2px; width:100px; display:none;
                height:100px; float:left;
            }
            div#pink { background:pink; }
            div#green { background:green; }
            div#yellow { background:yellow; }
        </style>
    </head>
    <body>
        <div id="pink"></div><br>
        <div id="green"></div><br>
        <div id="yellow"></div><br>
        <button>依次显示</button>
        <script>
            $("button").click(function () {
                $("div:hidden:first").fadeIn("slow");
            });
        </script>
    </body>
</html>
```

图 10-9　第一次点击按钮效果

图 10-10　第二次点击按钮效果

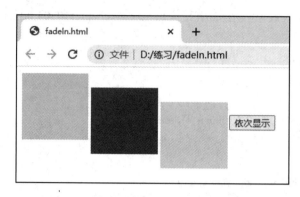

图 10-11　第三次点击按钮效果

页面通过 css 样式表定义了三个宽和高都为 100 px 的正方体 div，背景颜色分别为粉色、绿色和黄色。给这三个 div 元素的 display 属性值设置为 none，让它们的初始状态是隐藏的。另外，页面上还定义了一个按钮。

编写 jQuery 代码，为按钮绑定单击事件 click，click 事件的处理函数中，用 fist 选择过滤器匹配第一个隐藏的 div 元素作为控制对象，调用 fadeIn()方法实现正方形的淡入效果，使用参数 slow 控制淡入的速度。

运行并查看效果。点击"依次显示"按钮，页面上出现第一个正方形，因为我们设定的是单击按钮后使第一个隐藏的正方形以淡入的效果出现；那么再次点击，会出现第二个正方形；再点击，会出现第三个正方形。

2. 淡出效果

fadeOut()方法的功能是逐渐改变被选元素的不透明度，从可见到隐藏，达到褪色效果。

语法：

```
$(selector).fadeOut ( [Speed] [, easing ] [, complete ] )
```

fadeOut 的参数使用同 fadeIn 一样。通常，该方法通常与 fadeIn()方法一起使用。

将例 10-4 的三个正方形的 display 属性设置为 block，让三个正方形初始为显示的状态，页面运行效果如图 10-12。编写 jQuery 代码，点击"依次消失"按钮，第一个正方形淡出；再次点击，第二个正方形淡出；再点击，第三个正方形淡出。实现以上效果的实例如例 10-5 所示，其效果如图 10-13～图 10-15 所示。

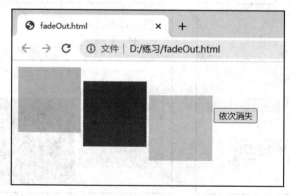

图 10-12　页面最初运行效果

【**例 10-5**】 淡出效果应用实例(其代码见文件 chapter10_05.html)。

本例代码如下:

```
<!DOCTYPE html>
<html>
   <head>
      <style>
         div { margin:2px; width:100px; display:block;
         height:100px; float:left; }
         div#pink { background:pink; }
         div#green { background:green; }
         div#yellow { background:yellow; }
      </style>
      <script src="jquery-3.5.1.min.js"></script>
   </head>
   <body>
      <div id="pink"></div><br>
      <div id="green"></div><br>
      <div id="yellow"></div><br>
      <button>依次消失</button>
      <script>
         $("button").click(function () {
            $("div:visible:last").fadeOut("slow");
         });
      </script>
   </body>
</html>
```

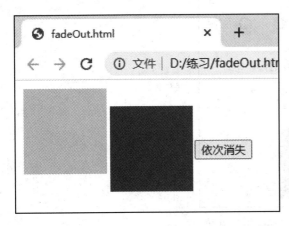

图 10-13　第一次点击按钮效果

图 10-14　第二次点击按钮效果

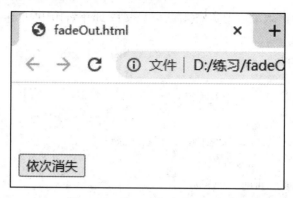

图 10-15　第三次点击按钮效果

三个正方形 div 的 display 属性为 block,因此最初为显示的状态。在 click 事件的处理函数里,用 fist 选择过滤器匹配第一个显示的 div 元素作为控制对象,调用 fadeOut()方法,每次单击按钮,就会匹配到第一个显示的正方形,然后让其逐渐变得透明,实现淡出效果,使用参数 slow 控制淡入的速度。运行并查看效果。

3. 切换元素的淡入淡出效果

fadeToggle()方法可以在 fadeIn()与 fadeOut()方法之间进行切换。如果元素已淡出,则 fadeToggle()会向元素添加淡入效果;如果元素已淡入,则 fadeToggle()会向元素添加淡出效果。

语法:

```
$(selector).fadeToggle ( [Speed] [, easing ] [, complete ] )
```

如图 10-16 所示,页面定义了一个按钮和一个红色正方形,编写 jQuery 代码实现淡入淡出的切换效果。即第一次点击"点击淡入/淡出"按钮,正方形以 3 s 的速度淡出;再点击一次按钮,正方形以 3 s 的速度显示出来。实现以上效果的实例如例 10-6 所示,其效果如图 10-17 和图 10-18 所示。

图 10-16　页面最初运行效果

【例 10-6】　切换元素的淡入淡出效果应用实例(其代码见文件 chapter10_06.html)。

本例代码如下：

```html
<!DOCTYPE html>
<html>
    <head>
        <meta charset="utf-8">
        <title>切换淡入淡出</title>
        <script src="jquery-3.5.1.min.js"></script>
        <script>
            $(document).ready(function(){
                $("button").click(function(){
                    $("#div1").fadeToggle(3000);
                });
            });
        </script>
    </head>
    <body>
        <p>切换淡入淡出。</p>
        <button>点击淡入/淡出</button>
        <br><br>
        <div id="div1" style="width:80px;height:80px;background-color:red;">
        </div>
    </body>
</html>
```

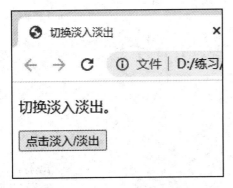

图 10-17　第一次点击按钮效果

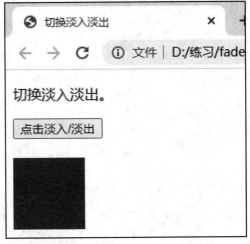

图 10-18　再次点击按钮效果

　　编写按钮点击后的事件处理函数，在函数中使用$("#div1")匹配到红色正方形的 div 元素，调用 fadeToggle()方法实现正方形的淡入和淡出切换效果，设置速度参数为 3000。

4. 调节元素透明度

使用 fadeTo()方法可以直接调节 HTML 元素的透明度。

语法:

```
fadeTo(Speed, opacity [, easing ] [, complete ] )
```

参数说明: fadeTo 可以有四个参数,其中的第二个参数 opacity 表示透明度,取值范围为 0~1,取值越小,透明度越高。其他参数与 fadeln()方法中相同。

如图 10-19 所示,页面定义了一个按钮和三个正方形。编写 jQuery 代码,点击"调节透明度"按钮,三个正方形的透明度发生变化,变化后效果如图 10-20 所示。

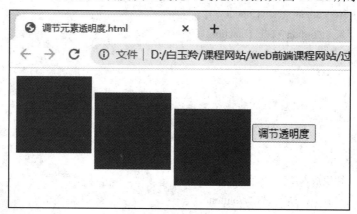

图 10-19　页面最初运行效果

【例 10-7】　调节元素透明度应用实例(其代码见文件 chapter10_07.html)。

本例代码如下:

```html
<!DOCTYPE html>
<html>
    <head>
        <style>
        div {
            margin:2px;
            width:100px;
            height:100px;
            float:left;
            background:blue;
        }
        </style>
        <script src="jquery-3.5.1.min.js"></script>
    </head>
    <body>
        <div id="d1"></div><br>
        <div id="d2"></div><br>
        <div id="d3"></div><br>
```

```
            <button>调节透明度</button>
        <script>
            $("button").click(function () {
                $("#d1").fadeTo("slow",0.3);
                $("#d2").fadeTo("slow",0.5);
                $("#d3").fadeTo("slow",0.7);
            });
        </script>
    </body>
</html>
```

图 10-20　点击 "调节透明度" 按钮效果

　　页面定义了一个按钮和三个正方形 div，正方形背景色为蓝色。在按钮单击的事件处理函数中编写 jQuery 代码，使用 id 选择器，$("#d1")、$("#d2")、$("#d3")分别去匹配三个正方形，使调用 fadeTo()方法，设置速度参数为 slow，透明度分别为 0.3、0.5、0.7。

10.1.3　动画效果滑动

1. 滑动方式显示

　　jQuery 滑动方法可使元素上下滑动，实现显示和隐藏的效果。slideDown()方法以滑动方式显示被选元素。它适用于通过 jQuery 方法隐藏的元素，或在 CSS 中声明 display:none 隐藏的元素，不适用于通过 visibility:hidden 隐藏的元素。

动画效果滑动

　　语法：

```
    slideDown( [speed] [, easing ] [, complete ] )
```

　　参数说明：

　　(1) speed：可选，规定元素从隐藏到可见的速度。默认值为 "normal"，可选的值有 "slow" "fast" 或者表示毫秒的数值。

　　(2) easing：可选，规定了在动画的不同点上元素的速度。默认值为 "swing"，可选的值为 "swing" 和 "linear"。"swing" 是在开头/结尾移动慢，在中间移动快；"linear" 是匀速移动。

(3) complete: 可选，表示 slidedown 函数执行完之后要执行的函数。除非设置了 speed 参数，否则不能设置该参数。

如图 10-21 所示，页面定义了一个按钮和一个粉色长方形，粉色长方形的最初状态为不可见。编写 jQuery 代码，点击"点击我"按钮，隐藏的粉色长方体以滑动效果显示出来。实现以上效果的实例如例 10-8 所示，其效果如图 10-22 所示。

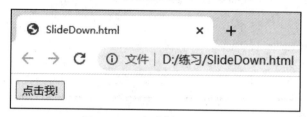

图 10-21　页面最初运行效果

【例 10-8】　滑动方式显示应用实例(其代码见文件 chapter10_08.html)。

本例代码如下：

```html
<!DOCTYPE html>
<html>
    <head>
        <style>
            div{
                background:pink;
                width:550px;
                border:solid 1px #c3c3c3;
                height:150px;
                display:none;
                float:left; }
        </style>
        <script src="jquery-3.5.1.min.js"></script>
    </head>
    <body>
        <button>点击我!</button>
        <div></div>
        <script>
            $("button").click(function () {
                $("div").slideDown("slow");
            });
        </script>
    </body>
</html>
```

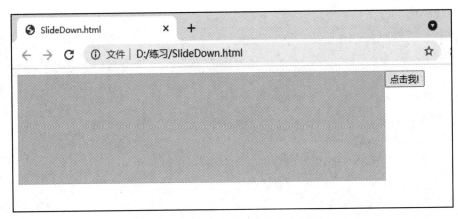

图 10-22　点击"点击我"按钮效果

网页源代码中，用$("button")选择按钮对象，在单击事件处理函数 click 里面编写语句：

$("div").slideDown("slow");

$("div") 匹配粉色长方形的 div 对象，调用滑动效果显示元素的 slideDown()方法，速度参数为 slow。运行并查看效果，点击"点击我"按钮，原本隐藏的粉色长方体以滑动效果显示出来。

2. 滑动隐藏

slideUp()方法用于隐藏所有匹配的元素，并带有向上滑动的过渡动画效果，即元素可见区域的高度从原有高度逐渐减小到 0。如果元素本身是隐藏的，则不对其作任何改变；如果元素是可见的，则将其隐藏。与 slideUp() 方法相对的是 slideDown() 方法。

语法：

slideUp ([speed] [, easing] [, complete])

参数说明：slideUp()方法有三个参数，其设置和功能与 slideDown() 方法相同。

把例 10-8 中的粉色长方形的不可见属性 display:none 去掉，运行效果如图 10-23 所示。实现如下效果：点击按钮，粉色长方形向上滑动隐藏。实现以上效果的实例如例 10-9 所示，其效果如图 10-24 所示。

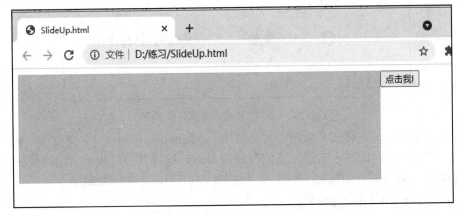

图 10-23　页面最初运行效果

【例 10-9】　滑动隐藏应用实例(其代码见文件 chapter10_09.html)。

本例代码如下：

```html
<!DOCTYPE html>
<html>
    <head>
        <style>
            div{
                    background:pink;
                    width:550px;
                    border:solid 1px #c3c3c3;
                    height:150px;
                    float:left;
            }
        </style>
        <script src="jquery-3.5.1.min.js"></script>
    </head>
    <body>
        <button>点击我!</button>
        <div ></div>
        <script>
            $("button").click(function () {
                    $("div").slideUp("slow");
            });
        </script>
    </body>
</html>
```

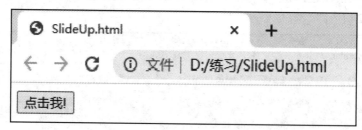

图 10-24　点击"点击我"按钮后效果

粉色的长方形 div 的样式表中的不可见属性 display:none 去掉后，它变为显示状态。在按钮单击事件里调用 slideUp 方法，速度参数为 slow，这样就可以实现滑动隐藏这个粉色长方形的效果。运行并点击按钮，然后会发现粉色长方形向上滑动隐藏了。

3. 切换滑动显示和滑动隐藏

slideToggle()方法可以在 slideDown()与 slideUp()方法之间进行切换。也就是说，如果元素是显示的，则 slideToggle()可向上滑动隐藏它们；如果元素是隐藏的，则 slideToggle()

可向下滑动显示它们。

　　如图 10-25 所示，页面定义了一个粉色长方形和一个按钮。实现如下效果：点击按钮，长方形向上滑动隐藏，再次点击按钮，长方形向下滑动显示出来。实现以上效果的实例如例 10-10 所示，其效果如图 10-26 和图 10-27 所示。

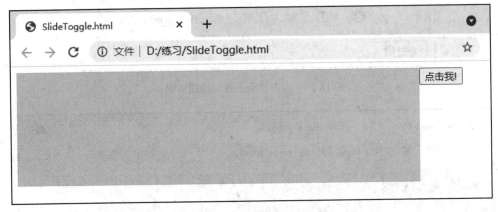

图 10-25　页面最初运行效果

【例 10-10】　切换滑动显示和滑动隐藏应用实例(其代码见文件 chapter10_10.html)。
本例代码如下：

```
<!DOCTYPE html>
<html>
  <head>
    <style>
      div{
          background:pink;
          width:550px;
          border:solid 1px #c3c3c3;
          height:150px;
          float:left;
      }
    </style>
    <script src="jquery-3.5.1.min.js"></script>
  </head>
  <body>
    <button>点击我!</button>
    <div ></div>
    <script>
      $("button").click(function () {
          $("div").slideToggle("slow");
      });
    </script>
```

```
        </body>
    </html>
```

图 10-26   点击"点击我"按钮效果

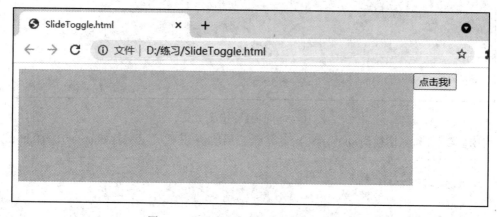

图 10-27   再次点击"点击我"按钮效果

在按钮单击事件里，$("div")选择粉色长方形，然后调用 slideToggle 方法，参数设置为 slow。这样就可以实现滑动显示和隐藏的切换效果。

10.2   应用 jQuery 实现自定义动画

10.2.1   创建自定义动画

调用 animate()方法可以根据一组 CSS 属性实现自定义的动画效果，语法如下：

```
$(selector).animate( properties [, duration ] [, easing ] [, complete ] )
```

参数说明：

(1) properties：产生动画效果的 CSS 属性和值。

(2) duration：指定动画效果运行的时间长度，单位为 ms，默认值为 nomal(400 ms)，可选值包括"slow"和"fast"。

(3) easing：指定设置不同动画点中动画速度的 easing 函数，内置的擦除函数包括 swing (摇摆缓冲)和 linear(线性缓冲)。jQuery 的扩展插件中可以提供更多的 easing 函数。

(4) complete：指定动画效果执行完后调用的函数。

如图 10-28 所示，页面定义了一个蓝色正方形和三个按钮。实现如下效果：点击"变大"按钮，正方形变大；点击"还原"按钮，正方形变成最初大小；点击"变小"按钮，正方形变小。实现以上效果的实例如例 10-11 所示，其效果如图 10-29～图 10-31 所示。

图 10-28　页面最初运行效果

【例 10-11】　创建自定义动画应用实例 1(其代码见文件 chapter10_11.html)。

本例代码如下：

```
<html>
  <head>
    <style>
      #box{
          width:100px;
          height:100px;
          background:blue;
          margin:6px;
      }
    </style>
    <script type="text/javascript" src="jquery-3.5.1.min.js"></script>
    <script type="text/javascript">
        $(document).ready(function()
        {
            $("#btn1").click(function(){
                $("#box").animate({ height:"200px",width:"200px"});
            });
            $("#btn2").click(function(){
             $("#box").animate({ height:"100px",width:"100px"});
            });
            $("#btn3").click(function(){
                $("#box").animate({ height:"75px",width:"75px"});
            });
        });
```

```
        </script>
    </head>
    <body>
        <div id="box"    >
        </div>
        <button id="btn1">变大</button>
        <button id="btn2">还原</button>
        <button id="btn3">变小</button>
    </body>
</html>
```

图 10-29　点击“变大”按钮效果　　　　　　图 10-30　点击“还原”按钮效果

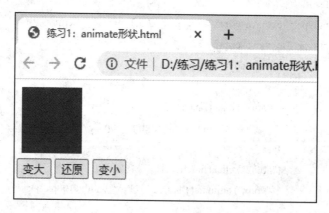

图 10-31　点击“变小”按钮效果

使用 animate()方法实现自定义动画。分别使用$("#btn1")、$("#btn2")、$("#btn3")选择器选择三个按钮,使用 click()方法实现按钮点击后触发单击事件。在单击事件中用$("#box")选择蓝色正方形 div,调用 animate()方法,参数设置成{ height:"200 px",width:"200 px"}时,能够实现改变"#box"的 css 样式，使其高度和宽度变大；参数设置成{height:"100 px",width:"100 px"}时，能够使其恢复到原始大小；参数设置成{height:"75px",width:"75 px"}时，能够使其变小。

如图 10-32 所示，页面定义了一个红色正方形和两个按钮，运行效果如图 10-32 所示。点击"向左移动"按钮，正方形向左移动；点击"向下移动"按钮，正方形向下移动。实现以上效果的实例如例 10-12 所示，其效果如图 10-33 和图 10-34 所示。

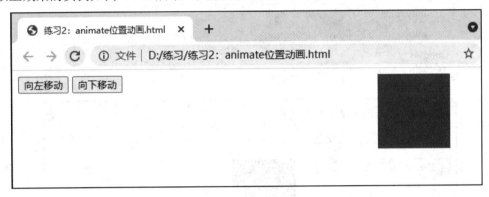

图 10-32　页面最初运行效果

【例 10-12】　创建自定义动画应用实例 2(其代码见文件 chapter10_12.html)。

本例代码如下：

```html
<!DOCTYPE html>
<html>
    <head>
        <style>
            #d{
                width:100px;
                height:100px;
                background:red;
                position:absolute;
                left: 500px;
            }
        </style>
        <script type="text/javascript" src="jquery-3.5.1.min.js"></script>
        <script>
            $(document).ready(function(){
                $("#b1").click(function(){
                    $("#d").animate({left:"250px"});
                });
                $("#b2").click(function(){
                    $("#d").animate({top:"250px"});
                });
```

```
            });
        </script>
    </head>
    <body>
        <div id="d">
        </div>
        <button id="b1">向左移动</button>
        <button id="b2">向下移动</button>
    </body>
</html>
```

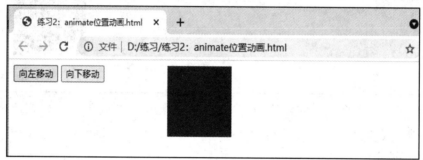

图 10-33　点击"向左移动"按钮效果

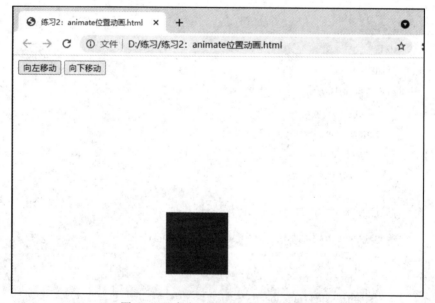

图 10-34　点击"向下移动"按钮效果

10.2.2　停止动画

stop()方法用于在动画或效果完成前对它们进行停止。stop()方法适用于所有 jQuery 效果函数，包括滑动、淡入淡出和自定义动画。默认情况下，stop()会清除在被选元素上指定的当前动画。

语法：

```
$(selector).stop(stopAll,goToEnd);
```

参数说明：

(1) stopAll：可选，规定是否应该清除动画队列。默认值是 false，即仅停止活动的动画，允许任何排入队列的动画向后执行。

(2) goToEnd：可选，规定是否立即完成当前动画。默认值是 false。

如图 10-35 所示，页面定义了两个按钮和一个隐藏的长方形区域。实现如下效果：点击"向下滑动"按钮，长方形以 4 s 的速度缓慢滑动显示出来。在长方形显示的过程中，点击"停止滑动"按钮，长方形停止动画。实现以上效果的实例如例 10-13 所示，其效果如图 10-36 所示。

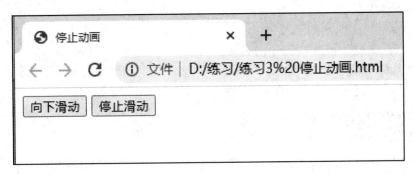

图 10-35　页面最初运行效果

【例 10-13】　停止动画应用实例(其代码见文件 chapter10_13.html)。

本例代码如下：

```
<!DOCTYPE html>
<html>
    <head>
        <meta charset="utf-8">
        <title>停止动画</title>
        <script type="text/javascript" src="jquery-3.5.1.min.js"></script>
        </script>
        <script>
        $(document).ready(function(){
                $("#b1").click(function(){
                  $("#box").slideDown(4000);
                });
                $("#b2").click(function(){
                  $("#box").stop();
                });
            });
```

```
        </script>
        <style>
            #box{
                width: 400px;
                height: 300px;
                margin-top: 20px;
                background-color:blue;
                border:solid 1px #c3c3c3;
                display: none;
            }
        </style>
    </head>
    <body>
        <button id="b1">向下滑动</button>
        <button id="b2">停止滑动</button>
        <div id="box"></div>
    </body>
</html>
```

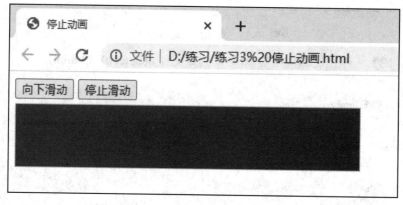

图 10-36   点击"停止滑动"按钮效果

10.3 综 合 案 例

通过"网购商城"综合案例，来进一步深入理解和掌握本章涉及的知识点与技术点。
编写"网购商城"网页，实现如下效果：

(1) 鼠标悬停水平导航栏的某个菜单项，该菜单项出现下拉菜单；

(2) 鼠标单击纵向导航栏，导航栏一级目录展开，二级目录出现。

网页运行效果如图 10-37 所示。当鼠标悬停或者单击导航栏的菜单项时，动态效果如
图 10-38 所示。

图 10-37　网购商城网页效果图

【例 10-14】　综合案例(其代码见文件 chapter10_14.html)。

本例代码如下:

```html
<!DOCTYPE html>
<html>
  <head>
    <meta charset="UTF-8">
    <title>网购商城</title>
    <style>
      /* 总体样式 */
      *{
        margin:0;
        padding:0;
        list-style: none;
      }
      /* 水平导航样式 */
      #banner{
        width: 100%;
        height: 30px;
        background:red;
        font-family: '微软雅黑';
        text-align: center;
      }
```

```css
/* 链接样式 */
#banner #nav1 a {
    color: #fff;
    font-size: 16px;
    text-decoration: none;
}
#banner #nav1 {
    height: 40px;
    width: 860px;
    margin: 0 auto;
    position: relative;
}
#banner #nav1 ul {
    list-style: none;
    position: absolute;
}
#banner #nav1 ul li.nav1 {
    position: relative;
    z-index: 999;
    float: left;
    margin-right: 30px;
    line-height: 30px;
    text-align: center;
    min-width: 48px;
    padding: 0 5px;
}
#banner #nav1 ul li.nav1 a img {
    padding-bottom: 5px;
    padding-left: 5px;
}
/* 下拉菜单样式 */
#banner #nav1 ul li.nav1 ul.list {
    display: none;
    background-color: orange;
}
#banner #nav1 ul li.nav1 ul.list li {
    border-top: 1px solid #fff;
    font-size: 14px;
}
```

```
.nav2{
    text-decoration: none;
    width:100px;
    text-align: center;


}
/* 纵向导航样式 */
.content{
    width: 860px;
    margin: 0 auto;
}
.box{
    width: 100px;
    float: left;
    margin-right: 5px;
    margin-top:10px;
}
.shop{
    float: left;
    width: 700px;
    height: 525px;
    background: url("img/shop.jpg") no-repeat;
}
span{
    display: inline-block;
    background-color:#778899;
    color: white;
    width:100%;
    height: 40px;
    line-height: 40px;
    border: 1px solid #fff;
    border-radius: 5px;
}
.menu {
    display:none;
}
.menu>li{
    height:30px;
    line-height: 30px;
```

```
                border-bottom:1px solid #fff;
                box-sizing: border-box;
                background-color: #DCDCDC;
            }
        </style>
    </head>
    <body>
        <div id="banner">
            <div id="nav1">
                <ul>
                    <li class="nav1">
                        <a href="#">首页</a>
                    </li>
                    <li class="nav1">
                        <a href="#">大牌疯抢<img src="img/arrow.jpg"></a>
                        <ul class="list" style="width:76px;">
                            <li><a href="#">奢侈品</a></li>
                            <li><a href="#">轻奢品牌</a></li>
                            <li><a href="#">国际精品</a></li>
                        <li><a href="#">品质精品</a></li>
                    </ul>
                    </li>
                    <li class="nav1">
                        <a href="#">品牌清仓<img src="img/arrow.jpg"></a>
                        <ul class="list" style="width:76px;">
                            <li><a href="#">临期商品</a></li>
                            <li><a href="#">反季特卖</a></li>
                            <li><a href="#">特卖快抢</a></li>
                        </ul>
                    </li>
                    <li class="nav1">
                        <a    href="#">鞋包<img src="img/arrow.jpg"></a>
                        <ul class="list" style="width:48px;">
                         <li><a href="#">女鞋</a></li>
                         <li><a href="#">男鞋</a></li>
                         <li><a href="#">童鞋</a></li>
                         <li><a href="#">箱包</a></li>
                        </ul>
                </li>
```

```html
<li class="nav1">
    <a href="#">女装<img src="img/arrow.jpg"></a>
    <ul class="list" style="width:76px;">
      <li><a href="#">上装</a></li>
      <li><a href="#">女裙</a></li>
      <li><a href="#">女裤</a></li>
      <li><a href="#">套装</a></li>
    </ul>
</li>
<li class="nav1">
    <a    href="#">男装<img src="img/arrow.jpg"></a>
    <ul class="list" style="width:68px;">
      <li><a href="#">裤子</a></li>
      <li><a href="#">上装</a></li>
      <li><a href="#">套装</a></li>
      <li><a href="#">正装</a></li>
    </ul>
</li>
<li class="nav1">
    <a    href="#">美妆<img src="img/arrow.jpg"></a>
    <ul class="list" style="width:48px;">
      <li><a href="#">口红</a></li>
      <li><a href="#">粉底</a></li>
      <li><a href="#">眼霜</a></li>
      <li><a href="#">眼影</a></li>
    </ul>
</li>
<li class="nav1">
    <a href="#">运动<img src="img/arrow.jpg"></a>
    <ul class="list" style="width:48px;">
      <li><a href="#">上衣</a></li>
      <li><a href="#">裤子</a></li>
      <li><a href="#">套装</a></li>
      <li><a href="#">配件</a></li>
    </ul>
</li>
<li class="nav1">
    <a href="#">电器<img src="img/arrow.jpg"></a>
    <ul class="list" style="width:48px;">
```

```html
                <li><a href="#">生活</a></li>
                <li><a href="#">厨房</a></li>
                <li><a href="#">个护</a></li>
            </ul>
        </li>
    </ul>
</div>
</div>
<div class="content">
    <div class="box">
        <ul class="nav2">
            <li>
                <span>登录/注册</span>
                <ul class="menu">
                    <li>登录</li>
                    <li>注册</li>
                    <li>开店</li>
                </ul>
            </li>
            <li>
                <span>订单查询</span>
                <ul class="menu">
                    <li>查询</li>
                    <li>退换</li>
                    <li>物流</li>
                </ul>
            </li>
            <li>
                <span>客服</span>
                <ul class="menu">
                    <li>人工</li>
                    <li>投诉</li>
                </ul>
            </li>
        </ul>
    </div>
    <div class="shop"></div>
</div>
<script src="js/jquery-3.5.1.min.js"></script>
```

```
<script>
    $(document).ready(function(){            //文档就绪函数
        $('.nav1').hover(function(){         //鼠标悬停效果实现
            $(this).find('.list').stop().slideDown(500);      //滑动显示
        }, function(){
            $(this).find('.list').stop().slideUp(500);        //滑动隐藏
        }).mousemove(function(){             //鼠标移动到元素
            $(this).css({
                background: 'orange'
            }).mouseleave(function(){ //鼠标离开
                $(this).css({
                    background: 'red'
                });
            });
        });
        $(".nav2>li").click(function(){                    $(this).children(".menu").stop(false,true).
            slideToggle(600).siblings().children(".menu").stop(false,true);   //阻止其抖动
        })
    })
</script>
</body>
</html>
```

图 10-38　下拉菜单实现效果

本 章 小 结

本章首先讲授了如何实现元素的显示和隐藏、淡入和淡出、滑动显示和隐藏；然后讲授了如何创建自定义动画以及停止动画的方法；最后结合案例演示了上述方法的综合应用效果。

习 题 与 实 践

一、选择题

1. 使用 jQuery 实现动画效果时，可以使用(　　)实现元素显示和隐藏的互换。

A. hide()
B. show()
C. fade()
D. toggle()

2. 在 jquery 中，想让一个元素隐藏，用(　　)实现。

A. hide()
B. show()
C. fadeTo()
D. fade()

3. 下面哪个语句能实现缓慢地将段落滑上？(　　)

A. $("p").slideDown("slow")
B. $("p").slideUp()
C. $("p").slideUp("slow")
D. $("h").slideUp("slow")

4. 下列说法正确的是(　　)。

A. slideDown()方法控制元素的向下滑动。

B. show()方法控制元素的隐藏。

C. toggle()方法用于控制元素的透明度切换。

D. fadeOut()方法控制元素的淡入。

5. jQuery 的(　　)方法用于淡入已隐藏的元素。

A. fadeIn()
B. fadeout()
C. slideUp()
D. slideDown()

二、简答题

1. jQuery 中常用的动画效果有哪些？

2. 请对比 fadeIn()方法、fadeOut()方法、fadeTo()方法、fadeToggle()方法的区别。

3. 简述 jQuery 自定义动画实现的方法及其参数说明。

三、实践演练

编写网页，实现"侧边隐藏菜单"效果，网页初始运行效果见图 10-39 所示。当鼠标悬停在网页上的侧边图标上时，显示如图 10-40 所示的菜单。另外，当鼠标悬停在展开菜单的某个菜单项时，文字颜色变为#F90;。

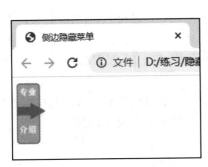

图 10-39　网页运行效果　　　　　　图 10-40　显示隐藏菜单

参 考 文 献

[1] 储久良. Web 前端开发技术[M]. 北京：清华大学出版社，2018.

[2] 闫俊伢，耿强. HTML5 + CSS3 + JavaScript + jQuery 程序设计基础教程[M]. 2 版. 北京：人民邮电出版社，2018.

[3] 传智播客高教产品研发部. HTML5 + CSS3 网站设计基础教程[M]. 北京：人民邮电出版社，2016.

[4] 工业和信息化部教育与考试中心. Web 前端开发(初级)(下册)[M]. 北京：电子工业出版社，2019.

[5] 姚敦红，杨凌，张志美. jQuery 程序设计基础教程[M]. 北京：人民邮电出版社，2013.

[6] 明日科技. jQuery 从入门到精通[M]. 北京：清华大学出版社，2017.